儿童图解百科全书

动物

英国迈尔斯·凯利出版社 编著 王红斌 冉 浩 译

北方联合出版传媒（集团）股份有限公司
辽宁少年儿童出版社
沈 阳

目录

爬行动物和两栖动物

鱼类

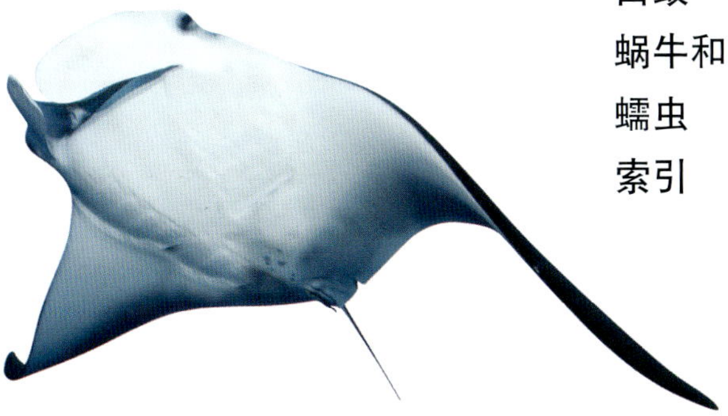

无脊椎动物

什么是哺乳动物?

哺乳动物是身上有毛、靠脊椎骨支撑身体的动物，依靠母亲的乳汁来哺育幼崽。这是它们独特的喂养方法。

所有哺乳动物都是恒温动物——它们能调节体温，能在寒冷时保持活跃。皮毛和脂肪能帮助哺乳动物抵御严寒。当它们感到寒冷时，它们会蜷缩起来或寻找遮蔽处，有时还会身体发抖。

所有哺乳动物都以胎生的方式繁育后代，单孔目动物除外。因为单孔目动物是依靠产卵的方式。单孔目动物全都生活在澳大利亚或附近地区。

大部分哺乳动物是胎盘动物——它们的后代在完全发育成熟之前，一直依靠母亲子宫内一个被称为“胎盘”的器官来获得营养。有袋目哺乳动物不是胎盘动物。幼崽在发育早期便被生下来，依靠乳汁而不是胎盘获得营养。

从交配到生产这段时间被称为“孕期”。哺乳动物的孕期长短不一。负鼠的孕期只有12天，而大象的孕期则长达22个月。

哺乳动物体型差异巨大。小臭鼩只有手指大小，而蓝鲸则长达30米。

最早的哺乳动物是长相酷似鼩鼱的大带齿兽。它们生活在2亿年前，与恐龙生活在一个时期。

▶黑熊是胎盘哺乳动物。雌性黑熊一般在一月或二月时产下幼崽，然后哺育它们6~8个月。

有袋哺乳动物

袋鼠是生活在澳大利亚的大型哺乳动物，它们用后腿跳来跳去。它们是有袋目哺乳动物——它们的幼崽出生时还不能在外面生存，必须在母亲腹部的育儿袋中生活一段时间。

袋鼠的尾巴长度超过1.5米。它在袋鼠跳跃时用来保持平衡，在袋鼠坐下时，用来支撑身体。在短距离内，红袋鼠的奔跑速度能达到每小时55千米。它们每次弹跳能够向前跳出9米，能够跳过2~3米高的篱笆。

与袋鼠一样，考拉也是有袋动物。小考拉要在妈妈的育儿袋中生活6个月，然后还要在妈妈背上生活6个月。

澳大利亚有袋动物还包括袋熊、几种沙袋鼠（长相酷似小袋鼠）和袋狸（长相类似老鼠）。

你知道吗?

考拉每天要睡18个小时。其余时间都在吃桉树叶子。

蜜袋鼯是一种微小的有袋动物，长得有点像家鼠，能够在树木间滑翔50多米。

袋獾是澳大利亚一种小型有袋动物，性情凶猛，属于食肉动物。它们强壮的下颌能用牙齿咬碎猎物的骨头。

雌针鼹鼠只产一枚卵。产卵后，针鼹鼠把它放在身上的腹袋中，直到卵孵化。

◀小袋鼠要在妈妈的育儿袋中待6~8个月。

狗和狐狸

犬科是一大类动物。它们有四条腿，食肉，包括狗、狼、狐狸、豺和郊狼。所有犬科动物都有长而尖的犬齿，用来刺穿和撕碎猎物。捕猎时，犬科动物主要依靠它们敏锐的嗅觉和听觉。

非洲野犬成群生活在一起。每群有10~20个成员。它们以团队的方式进行捕猎。这让它们可以捕杀比自己大得多的猎物，如羚羊和角马。耐力超强的长跑运动员——非洲野犬能够以每小时60千米的速度追赶猎物5千米以上。跑动时，它们健壮的爪子能够牢牢地抓住地面。

狐狸是狡猾的猎手。它们在晚上单独或成对悄悄地潜行。小型哺乳动物，如大家鼠、小家鼠和穴兔等是它们的猎物。

非洲的耳廓狐和北美洲的敏狐都有硕大的耳朵。夜晚，大耳朵可以探察猎物；白天时，大耳朵可以帮助散热。

北极狐在冬天时会长出一身白色的毛，帮助它们在雪地中获得伪装。夏天，雪化了以后，它们又长出一身灰黑色的毛。

赤狐已经适应了城市的扩展。你经常能见到它们在夜晚来郊区的垃圾箱或垃圾堆里翻找食物。

非洲的豺长相酷似狼，不过它们是单独捕猎的，且只捕杀小型动物。只有在争夺狮子留下的残余猎物时，它们才会聚在一起。

▶赤狐是一种常见的犬科动物，在欧洲、亚洲、北美洲和澳大利亚地区都非常常见。

狼

狼是最大的犬科动物。它们结成团队进行捕猎，能捕杀比自己体型大的动物，如驼鹿、驯鹿和麝牛。一个狼群可能有7~20个成员，由最年长的雄狼和雌狼领导。一个狼群的领地能够达到1000平方千米以上。捕猎时，狼要进行长途跋涉。

狼曾经遍及欧洲和北美洲。现在，它们在欧洲非常罕见，仅生活在亚洲和北美洲的偏远地区。

狼是所有家犬的祖先。和狗一样，狼用脚趾走路，脚上有不能缩回的利爪。它们优雅、灵活，能够跳出4.5米的距离。它们依靠敏感的听觉，能探察到3千米以外的声音。

狼通过嚎叫的方式在捕猎之前与群里的其他成员保持联系或警告其他狼群离开领地。

狼群有严格的等级。等级观念依靠肢体语言进行强化。等级高的狼站得笔直，耳朵和尾巴也竖立着。等级低的狼做蜷伏状，尾巴下垂，耳朵平贴在头上。

在北美洲、欧洲和亚洲北部的寒冷地区，狼通常毛色较浅，可以使它们在冰雪中获得伪装。

▲在冬天，狼更有可能结成群。当两个狼群相遇时，通常会爆发激烈的冲突。

熊

▲冬季，北极熊妈妈会在雪地里挖一个洞，在里面产下幼崽。北极熊幼崽在妈妈乳汁的滋养下迅速成长。春天到来时，它们已经能和妈妈一起离开洞穴了。

熊虽然是陆地上最大的食肉动物，但是它们也吃其他食物，包括水果、坚果和树叶。北极熊是唯一只吃肉类的熊。

熊有八种，只有两种生活在赤道以南——南美洲的眼镜熊和东南亚的马来熊。

北极熊是陆地上最大的食肉动物。它们主要以海豹为食。北极熊趁着生活在北极冰窟中的海豹上来呼吸空气时捕捉它们。北极熊用巨大的爪子重击海豹，并咬住它们的后脑勺，这些足以让海豹毙命。气候变化使北极熊的生存受到了威胁。北极熊依靠海冰捕猎海豹，而全球变暖正在使海冰融化。

阿拉斯加棕熊能长到2.7米，体重能达到770千克。冬季时，食物匮乏，棕熊会进行冬眠。冬眠时，它们每分钟仅呼吸4次，心率也降低。这样能节省许多能量。

灰熊是棕熊的一种，它们肩部的毛是灰色的。科迪亚克熊是最大的棕熊。

东南亚的马来熊是最小的熊，它们擅长爬树。

大熊猫只生活在中国西南部的竹林里。目前已建立了60多个自然保护区保护着它们的栖息地。大熊猫现在非常稀少，据估计，野生的大熊猫仅剩了约1600头。森林砍伐让它们的生存受到了威胁。它们也受到了非法捕杀，或死于诱捕其他动物的陷阱。

▼熊会为了食物、配偶和住处而大打出手。它们更喜欢独居。

大熊猫的食物主要是竹子。它们的消化系统很差，很难摄取竹子中的营养物质，所以它们要不停地吃。每天要吃38千克的竹子。

大熊猫的皮毛很厚，能够防水，这能在冬天帮它们抵御严寒。它们还善于游泳和爬树。它们那结实、带弯的爪子能抓牢树干。

▲刚出生时的大熊猫只有仓鼠那么大。6~8周时才能睁开眼睛。它们在3个月大时开始走路。

你知道吗？

刚出生的北极熊只有豚鼠那么大。

黄鼬和它的亲戚们

黄鼬是67种鼬科动物之一。白鼬、臭鼬和獾也属于鼬科动物。

冬季时，欧洲鼬鼠（也被称为“白鼬”或“短尾鼬”）的毛会从棕色变为白色，帮它们在雪地中进行伪装。但它们的尾梢是黑色的。

黄鼬和臭鼬虽然个头小，但非常凶猛，能够捕杀比自己大得多的猎物。

水貂以多种动物为食，包括蟹、鱼、小型哺乳动物和鸟类。它们的脚趾生有部分蹼，有助于在水下捕猎。

优雅的貂长着巨大的脚趾，上面有锋利的爪子。它们非常善于攀爬。毛茸茸的长尾巴有助于保持平衡。

貂熊能捕杀像驯鹿那么大的动物。它们强有力的下颌能咬断坚硬的骨头。

受到威胁时，臭鼬能向捕食者喷射恶臭的液体。臭味能延续好几天。

欧洲獾成群地生活在地下洞穴中。每个群体有12个成员，或者更多。獾的食物包括小动物、水果、树根、球茎和坚果。

非洲平头哥（即蜜獾）用它们强有力的爪子敲开蜂巢，获取里面的蜂蜜。它们的皮肤厚而松弛，像橡胶一样，可以抵御蜂群和其他捕食者的攻击。

水獭通常生活在河岸的洞穴之中。它们通常在夜晚捕捉鱼。但有时，它们也吃龙虾、蟹、蛙和青蛙。水獭是出色的游泳选手——它们能在水下封闭鼻孔和耳朵，保持5分钟之久，且游行速度可以达到每小时10千米。

▼黄鼬在不饿的情况下照样会捕猎。它们把食物储存在地下的洞穴之中，以备不时之需。

獴和狐獴

獴科动物包括獴、狐獴和66种麝猫、獛和林狸。

麝猫和獛看起来像猫一样，身长、腿短、耳朵尖。獴和狐獴则是身长、腿短、耳朵圆。

小斑獛夜间依靠视觉、听觉和嗅觉捕猎，以啮齿动物、爬行动物、昆虫和鸟类为食。

亚洲熊狸的毛很粗糙，耳朵有簇毛，尾巴适于抓握，可以用来攀爬。

狐獴以家庭为单位成群居住在洞穴中或岩石下。它们能依靠后腿直立，观察猎物和防御危险。狐獴的食物有很多种，包括昆虫、蛛形纲动物、小型哺乳动物、爬行动物、鸟类和植物。

埃及獴被古埃及人视为神圣动物。在5000多年前的坟墓和寺庙中就有狐獴的绘画。大多数獴独居生活，通常夜间活动。有些物种，如缟獴，结成群生活在一起，并且白天活动。

马岛长尾狸猫非常罕见，仅生活在非洲东南海岸外的马达加斯加岛上。马岛长尾狸猫除了捕食鸟类和爬行动物外，也捕食狐猴和其他哺乳动物。

▶獴能发出很大的叫声提醒其他成员有危险，或是结成团队驱赶捕食者。

杀手档案：猎豹

为速度而生

蜷伏中的猎豹腹部紧贴地面，就像是一架即将起飞的喷气式飞机。它们起跑非常快，刹那间便消失在一团尘土之中。它们奔跑时速度可以达到每小时100千米。

▲**瞭望**

猎豹经常坐或站在白蚁丘或裸露地面的岩石上，寻找目标。

猎豹以捕杀其他动物为食，所以需要侦察和捕捉猎物，如羚羊。灵敏的感觉使它们能侦测到非洲草原上微小的运动，敏捷的身手特别适合快速奔跑。

这些带斑点的猎手是陆地上速度最快的哺乳动物。它们捕食食草动物，如黑斑羚和瞪羚，尤其是幼小的动物。它们的食物还包括更小一些的动物，如兔子、疣猪和野禽。与它们的近亲狮子不同，猎豹通常单独在开阔的平原上捕猎。在这里，它们的速度最能发挥优势。它们在清晨或傍晚捕猎，这时猎物正在进食，最容易被找到。猎豹的视力非常好，它们能看到2千米之外的猎物。

为生存而战

大部分猎豹幼崽无法活到成年，所以猎豹每胎产崽很多。其他捕食者，如狮子、鬣狗，常偷走猎豹幼崽的食物或袭击它们。猎豹幼崽要在妈妈身边生活大约18个月来学习捕猎和生存技能。

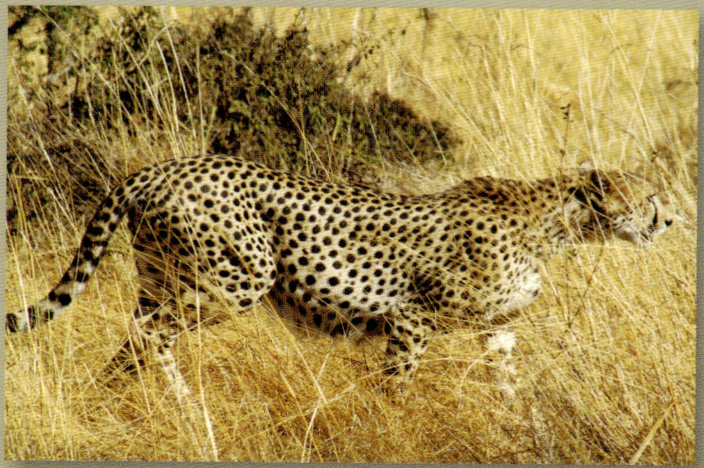

◀**紧盯猎物**

一旦猎物出现，猎豹就会缓慢移动并蹲伏在草地中隐藏，与猎物保持在50米的范围内。

虽然猎豹以闪电般的速度而闻名，但它们的超级速度只能保持很短时间。所以，它们只在靠近猎物后才发动袭击。瞪羚（速度排第二名的陆地动物）的奔跑速度接近猎豹，保持高速的时间相对长一些。猎豹的体力消耗得很快，所以它们要尽快捕捉猎物，否则干脆放弃猎物，进行休息。捕猎成功的猎豹也要先休息一会儿才能进食，否则它们就会因体温升高而处于危险之中。

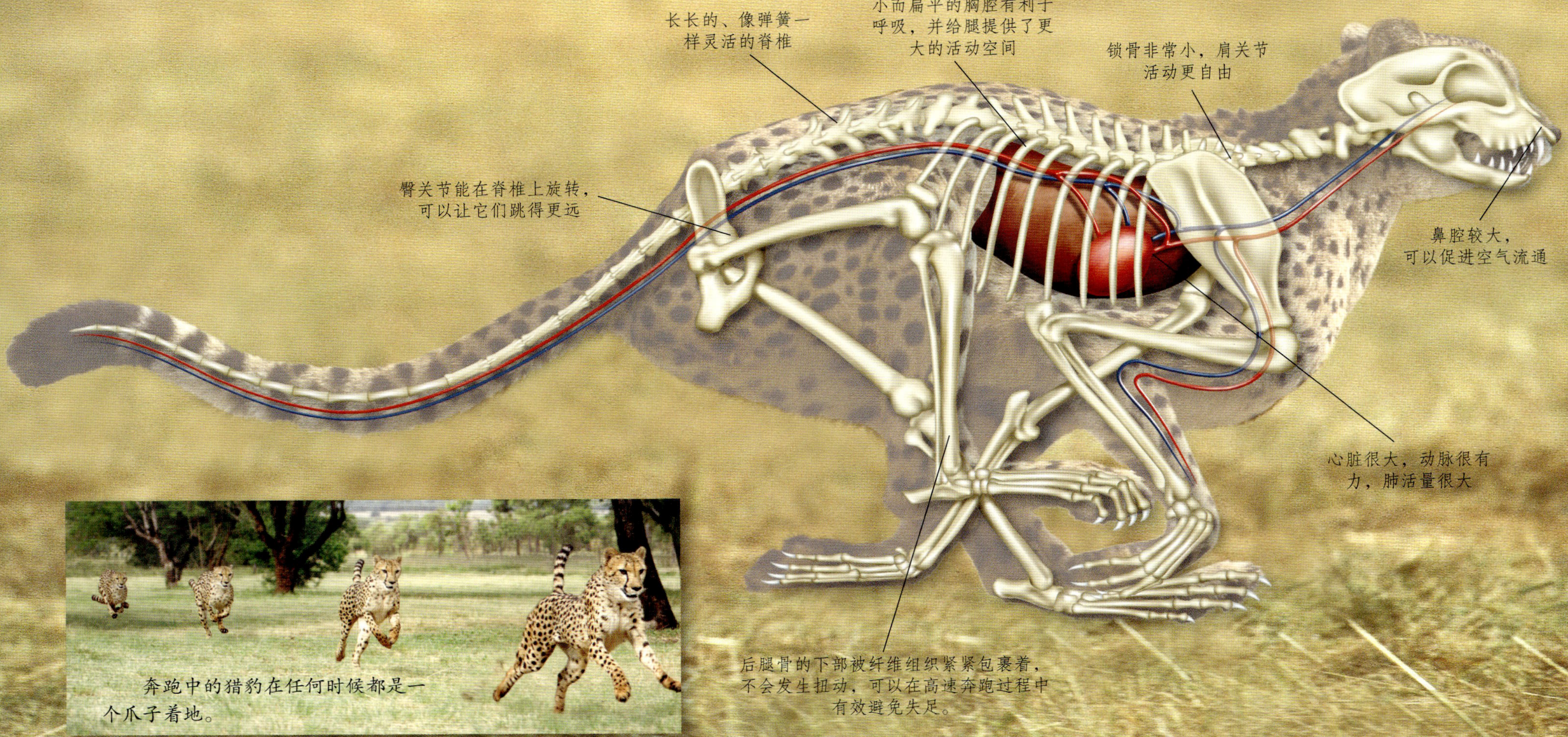
长长的、像弹簧一
样灵活的脊椎
小而扁平的胸腔有利于
呼吸，并给腿提供了更
大的活动空间
锁骨非常小，肩关节
活动更自由
髋关节能在脊椎上旋转，
可以让它们跳得更远
鼻腔较大，
可以促进空气流通
心脏很大，动脉很有
力，肺活量很大
后腿骨的下部被纤维组织紧紧包裹着，
不会发生扭动，可以在高速奔跑过程中
有效避免失足。

奔跑中的猎豹在任何时候都是一个爪子着地。

◀**进食**
猎豹妈妈捕到猎物以后，猎豹幼崽马上围拢过来，帮助把猎物放倒。咬住猎物的颈部能够迅速让它们窒息，省得它们在挣扎过程中把猎手踢伤。

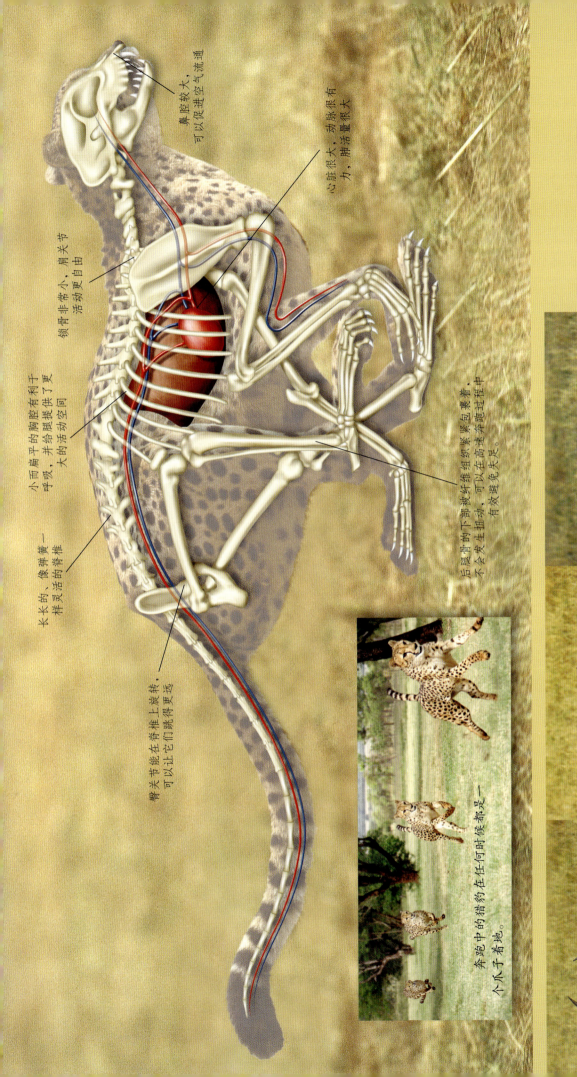

狮子

狮子是最大的猫科动物之一，体重能达到230千克。雄狮能长到3米。

狮子主要生活在非洲。但是在印度北部的吉尔森林公园生活着300~350只亚洲狮。狮子通常成群地生活在草原或灌木地带。最常见的狮群一般有12只有亲属关系的雌狮和它们的幼崽，再加上5只成年雄狮。雄狮负责保护狮群，雌狮负责捕猎。

雌狮能捕杀瞪羚、斑马和像水牛那么大的动物。捕猎时，雌狮会悄悄地接近猎物，等到距离猎物30米范围之内时，它们便猛冲过去，杀死猎物。它们的夜视能力很强，经常在黄昏或黎明时捕猎。

雄狮蓬松的鬃毛使它们看起来更强壮，能在战斗中保护自己。雄狮在大约2岁大的时候开始生长鬃毛，到5岁时，鬃毛完全长成。小雄狮在2岁时离开狮群。它们需要战胜年长的雄狮才能加入另一个狮群。

狮子每天休息约20个小时，走动不超过10千米。

你知道吗？

雄狮能够拖动一个重300千克的斑马——至少需要6个人才可以做到这一点。

▶雌狮颈部没有鬃毛。相比它们的体型来说，小狮子的爪子特别巨大。

老虎

老虎是最大的猫科动物。它们的头特别大。成熟的雄虎平均身长超过2米，尾巴长1米。

它们生活在亚洲。不过，它们栖息的森林正在遭受破坏，再加上盗猎者的捕杀已经让它们变成了稀有动物。可能野生的老虎只剩下不到5000只了。

▼西伯利亚虎生活在寒冷、多风雪的地方。它们蓬松、厚实的皮毛能够抵御严寒。

老虎以捕杀大型动物为食，如鹿、水牛、羚羊和野猪。它们在晚上捕猎，悄悄接近猎物，然后发动突然袭击。它们速度快，身体强壮。不过它们很容易变累。第一次没捕到猎物时，它们通常就会放弃。

成年虎通常独居。靠抓挠树木并在上面撒尿来确定自己的领地。雄虎会努力阻止其他雄虎进入自己的领地。一只雄虎的领地上一般有2~3只雌虎，不过，它们只在交配时才聚在一起。老虎每窝通常有2~4个虎崽出生。虎崽们非常贪玩，在2~3年的时间里都会完全依靠它们的妈妈。

老虎身上的条纹为它们在草丛和树下提供了很好的伪装。每只老虎的条纹都是独一无二的。

老虎是游泳高手，天热时，常会躺在水里乘凉。

豹

豹生活在非洲、中东、中亚和南亚。它们可在多种栖息地生活，如草原、森林、沙漠和山区等。

大部分豹身上都有玫瑰花样的斑点。黑豹的皮毛是黑色的，所以它们的斑点不容易被看出来。

豹是独居动物，经常在晚上捕猎。豹以守株待兔的方式捕猎或者悄悄接近猎物后再发动突然袭击。它们的食物范围很广，包括猴子、蛇、鸟类、鱼和鸡。

豹非常善于爬树。它们锋利、强壮的爪子能够抓紧树枝。

雌豹每窝可产下2~3个幼崽。幼崽与妈妈至少要在一起生活18个月。如果豹妈妈感到危险，它就会叼住幼崽的脖子，一个个地把它们转移到安全的地方。

雪豹和豹并不是近亲，它们不能像其他大型猫科动物那样吼叫。雪豹生活在喜马拉雅山脉地区。它们的爪子很大，适合在雪地上行走。长长的尾巴有利于在陡峭、光滑的斜坡上保持平衡。

现在雪豹的数量只有3500~7000只。人们在山区捕猎和耕作对它们的生存构成了威胁。人们捕猎雪豹主要是为了获得它们的皮和骨头，因为它们的骨头有药用价值。

▲豹会把大型猎物拖拽到树丛里，以此来避免其他动物偷吃。

▲美洲豹的领地通常在水边。它们带斑点的皮毛能在植物中形成良好的伪装，让它们偷偷靠近猎物而不被发现。

美洲豹

美洲豹是南美最大猫科动物，能够长到2.6米（包括尾巴）。美洲豹的块头比豹更大，头更宽。它们的腿和爪子非常强壮有力。和豹不同，美洲豹每个斑块内还有黑点。

美洲豹的游泳和爬树能力都很强。它们经常在树枝上等待猎物。它们也会在地面悄悄靠近猎物，等到距离足够近时才发动突然袭击。美洲豹以捕杀野猪、鹿、猴子、貘、鸟类、乌龟、凯门鳄、青蛙和鱼等动物为食。

美洲豹通常独居，但在交配季节会和配偶一起生活几周。

雌美洲豹在岩石中或洞穴里做窝，每窝产下1~4个幼崽。雌美洲豹会不顾一切地保护自己的孩子。

刚出生的美洲豹幼崽什么也看不见。不过，大约2周后，它们就能睁开眼睛。美洲豹幼崽要和妈妈一起生活大约2年。在此期间，它们要学习如何独立生存。

美洲豹虽然被归为猫科动物，但是它们不能像大多猫科动物那样吼叫。

小型猫科动物

◀美洲狮是北美最大的猫科动物，尾巴的长度能达到78厘米。

小型猫科动物吃东西时蹲着身子，而猫科动物趴着吃东西。休息时，小型猫科动物会把爪子弯在身下，尾巴环绕在身子周围。大型猫科动物休息时则把爪子放在身体前面，尾巴伸直，放在身后。

猞猁生活在寒冷的北方陆地上。它们的皮毛很厚，非常利于保暖。脚很宽，能避免陷入雪中。长长的腿适合在厚厚的雪地上行走。

欧洲野猫看起来就像是带条纹的宠物猫，但是它们尾巴上的毛非常浓密，且尾巴末端是圆形的，头和眼睛也都比较大。

大部分猫都不喜欢水，但是渔猫大部分时间都生活在河边或河里。它们的前爪上有一部分蹼，靠捕鱼为食。

狞猫非常善于捕捉鸟类，能够跳起来击落低空飞行的鸟儿。

雄豹猫在交配之后还会继续和雌豹猫待在一起，以提供食物的方式帮助照看幼崽。

美洲狮，也叫美洲山狮，在多种栖息地生活，包括山区、沼泽等。它们的毛是沙色或棕灰色的，上面没有条纹和斑点，不过，刚出生的幼崽身上有斑点，以便于伪装。

非洲的薮猫依靠敏锐的听觉捕猎。它们能听到猎物发出的沙沙声，然后便发动袭击。

沙漠猫白天待在洞穴中躲避炎热，夜晚出来捕食昆虫、蜥蜴、鸟类和老鼠。它们毛茸茸的脚非常适合抓住沙地。

鼹鼠和刺猬

鼹鼠和刺猬属于哺乳动物中的食虫动物（因为它们吃昆虫），包括马岛猬、金毛鼹、刺猬、猥鼠、鼩鼱和沟齿鼩等共350种。大部分食虫动物都是独自生活，夜间活动。它们的鼻子很长，嗅觉灵敏。

刺猬身上装备着一身刺，那其实是变异的毛。它们能团成一个球，把柔软的腹部藏起来。刺猬宝宝的150根刺长在皮肤下面，所以出生时不会伤到它们的妈妈。宝宝3天大的时候，刺会刺破皮肤，显露出来。

寒冷地区的刺猬在冬天时要冬眠（进入熟睡状态）——它们以这种方式度过食物匮乏的寒冷日子。

水鼩鼱能够潜到水下去捉鱼、小青蛙和小型水生动物。有些鼩鼱是有毒的。北美短尾鼩鼱的毒能杀死200只老鼠。

鼹鼠大部分时间都生活在地下，依靠触觉和嗅觉捕捉蠕虫和甲虫。鼹鼠丘是鼹鼠从隧道里挖出来的土堆积而成的。它们的巢穴位于一个大鼹鼠丘之下，被称为“堡垒”。

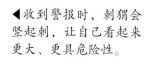

◀收到警报时，刺猬会竖起刺，让自己看起来更大、更具危险性。

穴兔、野兔和鼠兔

穴兔、野兔和鼠兔都属于一种被称为“兔形目”的哺乳动物。“兔形目”的意思是“长得像兔子”。

兔形目动物的毛很长，很柔软，甚至它们的脚都是毛茸茸的。它们的耳朵很大，眼睛长在头的上部，视野较广。兔形目动物的门牙（切齿）一生都在不停地生长，但是能在啃咬坚硬的植物过程中被磨掉。

野兔生活在地面上，依靠速度逃避敌人。穴兔生活在地面下的洞穴里。野兔出生在地面上，出生时身上就有毛，眼睛是睁开的。穴兔出生在地面下，出生时没有毛，眼睛是看不见的。穴兔和野兔的后腿都很长，能够迅速逃离危险地带。有些大型野兔的奔跑速度能达到每小时80千米。

黑尾长耳大野兔生活在沙漠里。它们的耳朵大而薄，能够释放身体热量，使它们保持凉爽。

▶雪兔的皮毛在冬天时会变成白色，方便在雪地中伪装。

鼠兔非常灵活好动。它们白天活跃，生活在山区或沙漠的地下。夏季和秋季，鼠兔会存储大量的干草来应付冬天。它们不冬眠。

你知道吗？

如果穴兔感觉到了危险，它们就会用后腿重重地敲击地面来警告其他的穴兔。

啮齿动物

啮齿目动物有1800多种，包括田鼠、旅鼠和松鼠等。啮齿动物是最大的一类哺乳动物。所有啮齿动物都有两对剃刀一样锋利的切齿（门牙），用来啃咬东西。还有一些牙上面有隆起，用来咀嚼。切齿一直都在不停地生长，但是啃咬过程让它们的长度始终保持不变。

大家鼠和小家鼠绝对是最常见的啮齿动物。它们已经完全适应了与人类生活在一起。一只小家鼠每窝最多可以生下34个幼崽。

阿尔卑斯旱獭生活在山区。那里非常寒冷，所以它们每年要冬眠9个月。

北美的草原犬鼠生活在地下洞穴里。它们的地下洞穴被称为“城镇”。一个城镇中就生活着几千只草原犬鼠。

豪猪身上长满了坚硬、锋利的毛（刺）。如果这些毛刺入攻击者的皮肤，能给攻击者能造成严重的伤害。

水豚体重能达到75千克，是最大的啮齿动物。它们生活在中美洲和南美洲的河流附近。

生活在北美沙漠地区的更格卢鼠几乎从不喝水。它们所需的水分大部分来自于食物。它们在夜间空气凉爽、湿润时出来活动。

河狸是大型啮齿动物，尾巴像桨一样。它们生活在北美、欧亚大陆北部的河流、小溪和湖泊里。河狸以树皮、树根和灌木为食。它们强有力的切齿很快就能放倒一棵大树。河狸会用泥和石头为基础，用树枝在小溪里修建水坝。在水坝截成的小湖里，它们还会修建一个“小屋”作为居所来度过冬天。

▶河狸的尾巴宽大、长满鳞片，在水里能提供动力和掌握方向。

蝙蝠

蝙蝠是现在存活的唯一能飞行的哺乳动物。它们的翅膀是由每个手上四根长手指间的皮肤构成的。快速飞行的蝙蝠时速能够达到100千米。白天时，大部分蝙蝠都悬挂在山洞或其他黑暗的地方睡觉。它们夜间出来捕捉昆虫。

蝙蝠通过发出一系列高频率的咯咯声来“看到”黑暗中的东西。它们能依靠回声来确定物体的位置。这种方法被称为“回声定位法”。蝙蝠并非看不见，它们的视力和大部分人一样好。

蝙蝠有1100多种，生活在除南极洲之外的所有大洲。哺乳动物物种中有四分之一是蝙蝠。

▲伏翼是英国最小的蝙蝠，翼展只有18~24厘米。尽管它们体型很小，但一只伏翼每天能吃掉3000只昆虫。

▲铁菊头蝠通常栖息在建筑物里。休息时，翅膀包裹在身体周围。它们在黄昏时离开休息地，去捕捉大甲虫。

猪鼻蝙蝠或许是世界上最小的哺乳动物。它们身长只有2.5厘米，小得都能坐在你的指尖上。许多热带花朵都需要依靠蝙蝠来进行授粉。

以青蛙为食的蝙蝠能够依靠青蛙求偶时的叫声分辨哪些青蛙有毒。

拉丁美洲的吸血蝠以血液为食，它们吸食牛、马等动物的血液。每只蝙蝠每天晚上要吸两汤匙的血。

假吸血蝠并不吸食血液，而是以小型蝙蝠和老鼠等动物为食。东南亚的假吸血蝠是最大的蝙蝠之一。

▼汤氏大耳蝠硕大的耳朵能很好地捕捉周围物体反射回来的声音。

你知道吗？

大部分哺乳动物的膝盖和人类一样可以向前弯曲，但蝙蝠的膝盖向后弯。

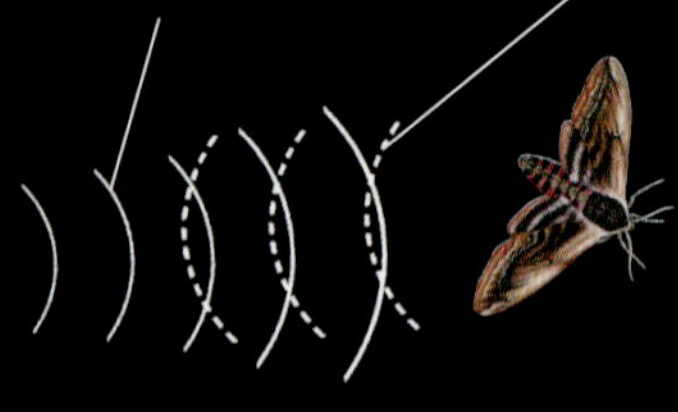

1．蝙蝠通过鼻子或张开的嘴巴发出高频率的叫声，每秒钟能发出几百声。

2．当声波遇到物体，如猎物时，它们就会反射回来。蝙蝠就能听到回声。

狐猴和蜂猴

狐猴和蜂猴像猴子、猿和人类一样属于哺乳动物中的灵长目。相比其他灵长目动物，狐猴和蜂猴的大脑要小一些，但嗅觉要好一些。

狐猴仅生活在非洲东海岸外的马达加斯加岛和科摩罗群岛上。大部分狐猴夜间活跃，生活在树上。但是环尾狐猴生活在地面上，白天活跃。大部分狐猴以水果、树叶和昆虫为食，但有些狐猴只吃竹子和花蜜。

马达加斯加岛上最大的灵长类动物是大狐猴。这种狐猴的叫声能传到2千米以外。大狐猴发出叫声的目的是警告其他大狐猴不可进入自己的领地。

在交配季节，环尾狐猴会为了争夺雌性而“斗臭”——它们用腕部和尾巴摩擦胳膊和臀部下方的臭腺，然后把臭气扇向对手，把它们赶走。

毛茸茸的蜂猴和树熊猴也是灵长目动物，它们眼睛很大，生活在亚洲和非洲的森林里。它们都是爬树高手。

▶环尾狐猴在地上搜寻果子。不过，它们也吃树叶、花、树皮和树的汁液。

婴猴是蜂猴科的杂技师。它们之所以有这么个名字是因为它们的叫声就像人类的婴儿啼哭一样。婴猴是夜行动物，它们的大眼睛能在黑暗中看清东西。

东南亚的眼镜猴是非常小的灵长目动物，它们眼睛大、手指长，头能转半圈，能看见身后的东西。

旧世界猴

猴子是灵长目动物（适应了主要生活在树上的哺乳动物），它们有长长的胳膊和腿，以及灵活的手指，适合抓握树枝。与猿不同的是，大部分猴子都有尾巴。

生活在非洲和亚洲的猴子被称为“旧世界猴”，包括狒狒、长尾叶猴和猕猴。旧世界猴两个鼻孔靠得很近，臀部有硬垫，使它们坐着睡觉也很舒服。和新世界猴（生活在中美洲和南美洲雨林中的猴子）不一样，旧世界猴的尾巴不能抓握树枝。

日本猕猴生活在山区，那里有时温度很低。它们有厚厚的毛，且常坐在火山温泉的热水中取暖。

长鼻猴的名字来源于雄猴的大鼻子。这些大鼻子可能是为了吸引异性。

狒狒是大型非洲猴类。它们大部分时间都生活在地上。它们身体强壮、灵活，能捕捉其他猴子、鸟类和小羚羊。

疣猴的后腿非常长，能在树与树之间做长距离跳跃。这种猴子黑白相间，它们的尾巴能帮助控制和改变方向。

雄性山魈的脸上有鲜艳的红色和蓝色，颜色越鲜艳，越受雌性喜欢。山魈是世界上体重最大的猴子，可达55千克。

◀一只雄性山魈正在展示锋利的长牙，向竞争对手显示威胁。

新世界猴

生活在中美洲和南美洲雨林中的猴子被称为“新世界猴”。新世界猴的鼻孔很大，分得较开，臀部没有肉垫。大部分都有肌肉发达的、适于抓握的尾巴。新世界猴包括吼猴、蜘蛛猴、绒毛猴、卷尾猴、狨猴和柽柳猴。

蜘蛛猴能用尾巴挂在树上。它们尾巴的末端有一块没有毛的皮肤，便于抓握。

夜猴（猫头鹰猴）与大部分猴子不同，它们是夜行动物。它们的大眼睛能在黑暗中看清东西。

卷尾猴非常聪明，它们甚至能用石头等工具凿开坚果和贝壳。

松鼠猴非常活跃，能像松鼠一样在树木间跳来跳去。它们群居生活，一群有时多达200个成员。

僧面猴长长的毛能帮它们应对森林里的大雨。僧面猴脸周围有长长的毛，看起来像是一个戴着兜帽的和尚。

猕猴和柽柳猴仅生活在中美洲和南美洲。它们是灵长目动物，但它们的手和脚不能抓握。它们并不会悬挂在树枝上，而是在树枝上跑动。它们长长的手指末端长着爪。

◀蜘蛛猴的手是黑色的。它们生活在高高的树冠上，用手、脚和尾巴在树枝间飞奔。

你知道吗？

吼猴的吼声巨大，你能在3千米之外听到一对吼猴的叫声。

小型猿类

长臂猿被称为“小型猿类”，因为它们比大猿（大猩猩、黑猩猩等）体型小，体重轻。和大猿一样，长臂猿没有尾巴。

长臂猿生活在高高的树上，几乎从不到地面来。它们利用长长的胳膊在树枝间安静地悠来荡去，速度可以达到每小时56千米。这种移动方式被称为“摆荡”。长臂猿腕部的骨头很特殊——当它们在树木间摆荡时，既能保证自己牢牢地抓住树枝，又能转动身体。长臂猿有11种，它们都生活在亚洲的森林中。

合趾猿是最大的长臂猿，体重可达14千克。它们用叫声来向其他长臂猿宣示自己的领地。它们叫时喉部的声囊会膨胀，因此叫声非常响亮。合趾猿主要以水果为食，也吃树叶、嫩芽、花蕾、花，偶尔也吃昆虫和蛋。

长臂猿是唯一成对生活，而且终生有固定伴侣的猿类。幼崽只有到了6~7岁大时，才会离开父母。长臂猿是唯一一种不筑巢的猿类。它们栖息在树枝上，臀部有结实的肉垫。

白眉长臂猿的雌性和雄性毛色不同。成年雄性白眉长臂猿是黑棕色的，而成年雌性白眉长臂猿是棕黄色的。新出生的白眉长臂猿是灰白色的。

▶长臂猿生活在树上，它们的胳膊和肩膀非常有力，在它们摆荡时可承受身体重量。

大猿

▲雄性大猩猩能长到雌性的两倍大。居于统治地位的雄性大猩猩保卫和控制着有雌性和幼崽构成的家庭。

在动物世界中，猿和我们的亲缘关系最接近。大猿包括大猩猩、黑猩猩、红毛猩猩和长臂猿。人类有时被称为“第五大猿”。

与人类一样，大猿胳膊长，有适宜攀爬的手指和脚趾。它们非常聪明，能利用木棒和石头作为工具。大猿中最大的是大猩猩，它体重能达到225千克，身高能达到2米。但它们是温驯的食草动物，以树叶和嫩芽为食。

山地大猩猩生活在中非、乌干达，以及乌干达、卢旺达与刚果民主共和国的交界处。现存只有700余只。当大猩猩群受到威胁时，领队的雄性成年大猩猩就会站立起来，用拳头捶打胸部，大声地吼叫。

黑猩猩生活在非洲东部和西部的森林中。它们比其他大猿要吵闹，也更爱打架。黑猩猩非常聪明，它们比除人类以外的所有动物都更善于使用工具。它们能让树叶发挥海绵一样的作用，把水吸上来喝。它们能用石头凿开坚果。它们可以凭借多种咕哝声和尖叫声进行交流。它们还能像人一样用面部表情和手势进行交流。实验表明，黑猩猩能学会并对许多词语做出反应。

现在仅存20 000~30 000只红毛猩猩，它们生活在婆罗洲和苏门答腊岛上。如果它们的栖息地继续以现在的速度遭受破坏的话，这种高智商的大猿将在未来的5~10年内灭绝。

倭黑猩猩长相与黑猩猩差不多，但是它们更苗条一些——腿更长些，头更小些。与雄性主宰的黑猩猩不同，倭黑猩猩是由雌性领导的，不是特别好战。倭黑猩猩在树上生活的时间也比黑猩猩要长。

▶倭黑猩猩经常互相整理毛发，这样它们能够放松，还能促进彼此之间的感情。

马和矮种马

马是四条腿的带蹄动物，现在人们养马主要是为了使用。成年雄马被称为“种马”，雌马被称为“母马”，小马被称为“马驹”。

普氏野马与曾经驰骋在欧洲和亚洲北部草原上的野马长相相似，后者在几千年前消失了。现如今，普氏野马主要存在于动物园中。

美国野马是由驯化的马演变而来的。驯化马主要有三种：用于骑乘的轻马（如摩根马和阿拉伯马），用于拉犁和驾车的重马（如贝尔修伦马和夏尔马）和矮种马（如昔德兰矮种马）。

矮种马是小型马，高度在1~1.5米之间，经常被训练用于教孩子们骑马。

利比扎马是漂亮的白马。许多利比扎马都在维也纳的西班牙骑术学校接受训练，进行跳跃和舞蹈表演。

夏尔马是最大的马，身高能达到2米，体重超过1吨。

▲法国南部卡马格地区的沼泽地中生活着半野生的白马。卡马格马的耐力很强，能靠着沼泽中的芦苇生存下来。

马在5~6岁时长齐所有的恒牙，包括12颗臼齿（磨牙）和6颗门齿（切牙）。人们可以通过牙齿来准确判断10岁以下的马的年龄。

夸特马非常灵活，运动能力很强，性情温驯。它们之所以有这么一个名字是因为它们参加四分之一英里赛（夸特是音译词，是由英语quarter翻译而来。Quarter的意思是“四分之一”）。

斑马

马、矮种马、斑马和驴都属于马科。非洲野驴是家驴的祖先。就体型而言，驴是非常强壮的，在一些国家被用来搬运重物。

同马一样，斑马和驴的每个脚上也只有一个脚趾。马家族最近的亲戚是犀牛和貘，它们也都用一个长长的中间脚趾承载全身的重量。

斑马是非洲的哺乳动物，它们非常吵，好奇心强。它们是群居动物，每群有2~20个成员。人们从来没有成功驯服过斑马。斑马有3种：普通斑马、山斑马和格氏斑马。每种都有各自不同的条纹类型。在同一物种里，也没有两个成员具有完全相同的条纹。在交配季节，斑马会用踢和咬的方式对付竞争者。它们也踢捕食者，如狮子。

野驴生活在亚洲中部、中东和北美的沙漠及灌木丛林地区。它们可以长时间不喝水。最大的野驴是西藏野驴。它们进化出了一层厚厚的脂肪来抵御严冬。这能让它们保暖，并能提供能量储备。雌性非洲野驴每次只产下一个小驴驹。它和其他母驴以及它们的宝宝生活在一起。

骡子是公驴和母马的后代。它们非常强壮，能搬运重物。

▶斑马是能快速奔跑的带条纹的马科动物。它们逃离危险时，速度能达到每小时65千米。

犀牛和河马

犀牛是生活在非洲和南亚的大型动物，它们的皮非常坚硬。

非洲黑犀牛、非洲白犀牛和较小的苏门答腊犀牛头中间有两个角。印度和爪哇犀牛只有一个角。爪哇犀牛和苏门答腊犀牛已经濒临灭绝了。其他三种犀牛也因为栖息地被破坏和犀牛角的特殊需求——犀牛角在东亚被当成传统药材——而面临着越来越多的生存威胁。

巨犀是犀牛的一个分支，生活在2 000万年以前。它们身高超过5米，比所有的大象都要高。

河马生活在非洲，它们体型巨大，呈灰色，长得有点像猪。它们是陆地动物中嘴最大的。河马的大嘴巴张开时，能吞下一整只羊。但是，它们只吃草。

河马白天把身体浸在河流或者沼泽地中，晚上出来觅食。河马的眼睛、耳朵和鼻子都长在头的上部，所以在身体被水完全淹没时，这些器官还能在水面之上。

“河马（hippopotamus）”一词来源于古希腊语的两个词：hippo（马）和potamos（河）。

你知道吗？

非洲白犀牛前面的角能长到1.5米长，简直不可思议。

▶黑犀牛的数量已经从1970年的65 000多头锐减到现在的3600头。一些猎场看守人割掉它们的角，这样能从一定程度上阻止它们成为盗猎者捕杀的对象。

骆驼

骆驼是最大的沙漠哺乳动物，它们已经适应了在极端干燥的环境中生存。

单峰骆驼只有一个驼峰，它们主要生活在撒哈拉沙漠和中东地区。双峰骆驼生活在中亚地区，它们有两个驼峰。驼峰是由脂肪构成的。在食物和水短缺时，骆驼的身体能够把脂肪分解成能量和水。

骆驼能够许多天甚至几个月不喝水。但是有水可喝时，它们每天能喝200升以上。骆驼出汗很少，这样能节省液体。当天气变热时，它们的体温能升高6摄氏度。

骆驼的脚趾是连在一起的，这能防止它们陷入柔软的沙子和雪中。骆驼的鼻孔能完全闭合起来，这样能阻挡沙子的侵袭。骆驼有双层睫毛，这能保护它们的眼睛不受沙子和阳光的侵害。

你知道吗？

骆驼拥有动物界最难闻的口气。

骆驼的胃非常巨大，有三个不同的部分。和牛一样，骆驼也是反刍动物。它们先将食物部分消化，然后再让食物返回口中，再次咀嚼。这被称为“反刍”。

▼单峰驼是“沙漠之舟”，几千年来一直被用来驮运人和行李。

长颈鹿

长颈鹿是最高的哺乳动物，它们能长到5米以上。它们能够到树尖上的叶子、嫩枝和果实。长颈鹿的腿差不多有2米长。脖子有可能超过2米，但是只由7块骨头组成，这和人类的数量是一样的。

长颈鹿生活在非洲撒哈拉沙漠以南灌木丛生的地区。

长颈鹿的舌头非常坚韧，为了吃到树上的嫩枝，它们能卷住树上的荆棘。喝水时，长颈鹿需要叉开前腿，或是跪下来才能够到水面。这种姿势让它们很容易成为狮子的猎物。走路时，长颈鹿首先移动同一侧的两条腿，然后再移动另一侧的两条腿。它们的长腿奔跑起来非常迅速，速度可以赶得上赛马。

长颈鹿乳白色的身体上有棕色的斑块。每个长颈鹿的斑纹都是不一样的。东非的网纹长颈鹿身上有三角形的纹理，而南非长颈鹿身上的纹理是斑块形的。

在交配期，雄长颈鹿和它的竞争对手会摩擦脖子，并把脖子甩来甩去。这被称为“脖斗”。

刚出生的小长颈鹿腿是摇摇晃晃的，至少要半个小时后才能站立起来。

▼长颈鹿是世界上最高的动物，但它们的体重只有大象的五分之一。

鹿和羚羊

鹿和羚羊是长蹄子的四足动物。它们与牛、河马和猪一样同属于偶蹄目（脚上脚趾的数目是偶数）。

与牛和骆驼一样，鹿和羚羊也进行反刍：它们先是在特殊的胃里把食物部分消化，然后再将未被消化的食物返回嘴里咀嚼。

鹿的大部分物种都生活在欧洲北部和北美气候温和的森林和草原上。

雄鹿被称为“牡鹿”或“公鹿”，雌性的被称为“雌鹿”，还没长大的被称为“幼鹿”。

鹿的头上有分叉的骨头形成的鹿角。鹿角每年都会脱落重长。驼鹿和麋鹿角的宽度超过2米。通常只有牡鹿才长角，不过角鹿（驯鹿）的雌性也长角。

羚羊的大部分物种都成群地生活在非洲。许多羚羊奔跑速度快，动作优雅，包括黑斑羚和汤氏瞪羚。羚羊的角是终生生长的。

◀雄性黇鹿展示块头和力量的地方被称为“比武场”。在交配季节，比武场的雄鹿要彼此决斗，一头雄鹿可能一天要参加十次决斗。雌鹿会到比武场来挑选最佳配偶。

大象

大象主要有两大类：非洲象和亚洲象。

非洲象是最大的陆地动物，有些公象能长到4米高。亚洲象身材较小，耳朵也小些。它们的鼻子末端有一根“手指”，而非洲象有两根。

◀公象用鼻子和象牙推挤其他公象，它们靠这种方法确立主宰地位。很少出现严重受伤的情况，因为知道自己战败的公象会知趣地撤出争斗。

你知道吗？

在游过深水的时候，大象灵活的鼻子能充当通气管。

大象非常聪明，它们的大脑在所有陆地动物中是最大的，记忆力也很好。大象能发出很多种低沉的声音，这些声音能传播很远的距离。我们只能听到这些声音中的三分之一。大象通常能活70年左右。

母象与自己的孩子和群里年轻的公象生活在一起。年龄较大的公象则单独生活。

做好交配准备的公象都处于疯狂状态之中。这时它们非常危险，彼此间非常敌视。在发情期，公象的眼睛和耳朵间的腺体会分泌出一些物质，它们用这种东西警告其他公象自己做好了战斗准备。

在干旱地区，象群为了寻找食物要进行长途跋涉。体型较大的象让小象走在它们的腿之间，对它们加以保护。

儒艮和海牛

儒艮生活在西南太平洋中。

西非和亚马孙地区分别生活着两种海牛，第三种生活在大西洋中。它们是唯一完全水生的哺乳动物，以植物为食。这就是为什么大家统称它们为“海牛”。

像桨一样的尾巴让海牛能在水中游动。人们有时用海牛来清理人工水库中的杂草。海牛的脖子中只有6块骨头，而其他哺乳动物都有7块。海牛幼崽要和妈妈在一起生活18个月，它们在此期间要学习和寻找最佳的觅食场所。

儒艮以海草为食，有时还会挖更小的海草根来吃。成年儒艮只有几颗像钉子一样的牙齿，它们用嘴里坚硬的垫子嚼碎食物。和海牛不同，儒艮的尾巴呈新月形，后缘中央有一个缺刻，与鲸鱼和海豚的尾巴差不多。

儒艮能活到70岁。但是，雌性儒艮一生只能产下5~6只幼崽。

▼儒艮和海牛每隔几分钟就要到水面上来呼吸一次。

鲸鱼

鲸鱼、海豚和鼠海豚是大型哺乳动物，它们属于鲸豚类。主要生活在海洋中。海豚和鼠海豚是小型鲸鱼。

和所有哺乳动物一样，鲸鱼也有肺。所以，它们大约每隔10分钟就要到水面上来呼吸一次。不过，它们也能在水下待40分钟。抹香鲸能屏息两个小时。鲸鱼通过头顶的呼吸孔进行呼吸。当鲸鱼出气时，它们会喷出水汽和黏液。吸气时，它们2秒钟之内要吸入大约2000升空气。

和陆地哺乳动物一样，鲸鱼也用乳汁哺育幼崽。鲸鱼的乳汁营养丰富，所以鲸鱼幼崽生长迅速。刚出生的蓝鲸幼崽长7米以上，重大约1800千克。在出生后的7个月中，它们每天能长100千克。

有些鲸鱼，如抹香鲸，有牙齿，以捕杀鱼和海豹为食，属于齿鲸类。齿鲸亚目下，主要有6种齿鲸：抹香鲸科、剑吻鲸科、一角鲸科、海豚科、鼠海豚科，还有喙豚科。

须鲸类，如蓝鲸和座头鲸，没有牙齿，它们有一排被称为“鲸须”的薄片。须鲸通过鲸须过滤微小的、像虾一样的生物（磷虾）为食。须鲸亚目下，包括露脊鲸科、小露背须鲸科、须鲸科。座头鲸、小须鲸和蓝鲸都属于须鲸科。

蓝鲸是地球上最大的生物，能长到30多米长，150多吨重。在夏天，它们每天能吃4吨磷虾（大约400万只）。

鲸鱼通过叫声保持彼此间的联系。大型须鲸发出的声音频率很低，人类听不到，但是其他鲸鱼能在80千米之外听到。大部分须鲸都单独生活，或者结成小群生活在一起，但是带牙的鲸鱼经常成群出没。

你知道吗？

雄性座头鲸复杂的歌声能持续20多分钟，它们可能是为了吸引异性才唱歌。

▼一头座头鲸越出水面，在空中喷射水柱后又砸向水面。这种冲浪方法可能用来击晕鱼群或使鱼群恐慌，也可能是座头鲸之间的一种交流方式。

海豚

海豚是海洋生物，它们和鲸鱼都属于鲸目动物。它们是温血动物，用乳汁哺乳后代，所以它们是哺乳动物，不是鱼。

有两类海豚：海洋海豚（32种）和河海豚（5种）。有害的捕鱼方式、河流上的大坝和水污染使白鳍豚成为濒危物种。

海豚通常成群生活在一起，每群有20~100头。海豚能相互照顾。它们通常会把受伤的同伴托举到水面上。

海豚通过发出高频率的叫声相互交流。海豚发出的有些咔嗒声比任何其他动物发出的声音频率都要高，人类根本听不到。海豚利用声音来定位物体，即使在蒙住眼睛的情况下，它们也能辨别物体。

人们能训练海豚跳圈、抛球，甚至用尾巴在水中倒着“走”。

宽吻海豚的名字由于它们突出而粗短的吻而得来的。这种喙也使它们看起来像是在笑一样。它们非常友好，经常在船的附近游弋。

▼ 海豚、人类和黑猩猩都是聪明的动物。

海豹和海狮

海豹、海狮和海象是海洋哺乳动物，它们主要生活在水里，是游泳高手。不过，当它们出现在陆地上时，它们只能笨拙地、摇摇摆摆地向前移动。

大部分海豹以鱼、鱿鱼和贝类为食。食蟹海豹主要吃长相酷似虾的磷虾，而不是蟹。

海豹和海狮都有耳朵。但是，只有海狮（其中包括海象）才有耳廓。在陆地上行走时，只有海狮才能移动身体下方的鳍足。在繁殖期，众多海豹会来到岸上一起生活几周。这样的地方被称为“群栖地”。

海象比海豹大，也更加笨重。它们的牙很大，胡须也长。海象利用自己的长牙把自己从水里拉上来，也用它们在冰下从下往上凿开呼吸孔。

你知道吗?

南极洲4米长的豹海豹以企鹅为食，它们甚至吃其他海豹。

象海豹的名字来源于雄性肥大的鼻子，它们看起来有点像大象的鼻子。在繁殖期，雄象海豹把它们的鼻子用作扩音器，对着竞争对手大声吼叫。雄象海豹比雌性重10倍。

俄罗斯的贝加尔湖中生活着淡水海豹。

▶海豹和海狮都有毛。海象没有毛。

什么是鸟？

现在，鸟有9000多种。

鸸鹋有1000根羽毛，而天鹅有20 000根羽毛。

鸟是唯一有羽毛的动物。鸟有三种羽毛：生在翅膀和尾巴上的飞羽，覆盖身体的覆羽和用于保暖的绒羽。飞羽有许多股，被称为“羽钩”，它们钩在一起。如果这些钩子松开了，它们很容易修复，就像是拉链一样。

鸟的翅膀是由连接在上肢骨头上的羽毛构成的。

鸟没有牙，但它们有坚硬的喙。喙的大小和形状主要取决于鸟的食物和觅食地点。

鸟产卵而不是生下宝宝。从卵中孵化出来的幼鸟有可能是可以独立生活的（如鸭子、鹅和鸡）或者是继续向父母乞食的（如麻雀和欧洲八哥）。

和哺乳动物一样，鸟也是温血动物。它们的体温一直都保持在同一温度。

全世界将近一半的鸟要进行特殊的旅行去找寻食物、水和筑巢的地方，或是躲避恶劣天气，这被称为“迁徙”。北极燕鸥是迁徙的冠军——它们每年从世界的一端迁徙到另一端。

▶大部分鸟类都像这只白头海雕一样通过拍打翅膀进行飞行。大部分时间都在滑翔的鸟类在起飞和降落时也要拍打翅膀。

卵和巢

所有的鸟都是通过产下硬壳的卵来进行繁殖。在露天产卵的鸟产下的卵通常带有伪装性。在洞穴中产卵的鸟，如猫头鹰和翠鸟，它们产下的卵通常是白色的。

每窝产卵最多的鸟是灰山鹑，多达16枚。为了产卵，大部分鸟都要筑巢。它们的巢通常是碗形的，由小树枝、草和树叶搭成。

澳大利亚眼斑冢雉的巢是最大的。它们建造的土丘直径有5米。巢里有多个卵室，卵室中铺上腐烂的树叶，以保持温度。

非洲和亚洲的织布鸟社会性很强。它们会合作编织巨大的、悬挂在空中的巢，巢里有多个室，每个室都有入口。

中美洲和南美洲的灶巢鸟的名字来源于它们的巢。它们的巢就像是当地人制作的土炉子。有些灶巢鸟的巢有3米高。

火烈鸟在湖上建巢。它们用泥建造的巢穴就像从水中冒出来的翻过来的沙堡。火烈鸟在上面产一或两枚卵。

爪哇金丝燕用自己的唾液建巢。人们会收集这些巢做燕窝汤，这被认为是一种美味佳肴。

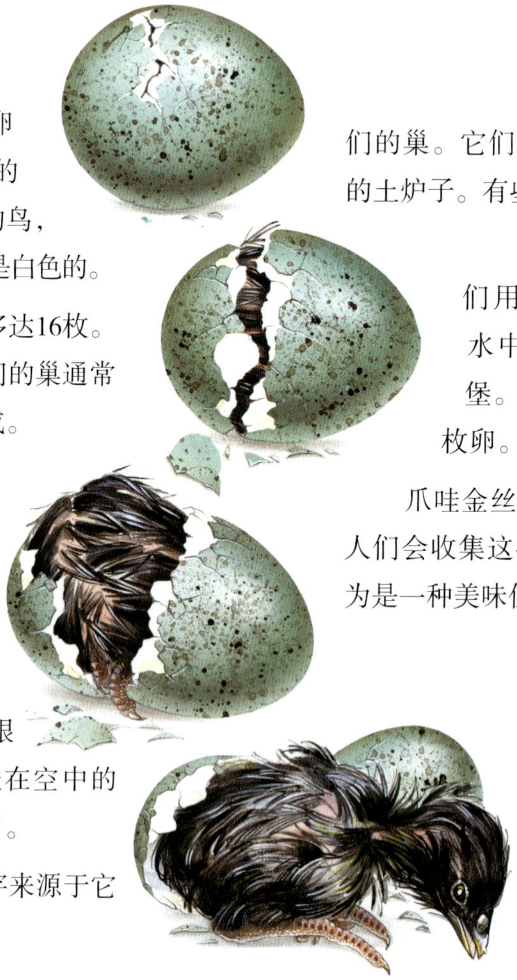

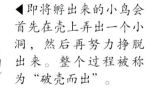

◀即将孵出来的小鸟会首先在壳上弄出一个小洞，然后再努力挣脱出来。整个过程被称为“破壳而出”。

不会飞的鸟

◀鸵鸟身上有柔软的绒毛，但是它们的头、脖子和腿几乎是赤裸的。

▶澳大利亚的鸸鹋是世界上第二大鸟类。身高可达1.7米，体重达45千克。

你知道吗？

曾经存在过的最大的鸟已经灭绝了。马达加斯加不会飞的象鸟确实非常巨大，它们高4.5米，比两个人摞在一起还高。

◀食火鸡生活在澳大利亚和新几内亚的森林中。当它在矮树丛中奔跑时，它头上的骨质冠就像是头盔一样。

有些鸟善于游泳或者奔跑，所以它们不需要飞行。不会飞的鸟除了企鹅也包括其他较大型的物种，如鸵鸟、鸸鹋、三趾鸵，还有一些居住在岛上的与众不同的鸟类，如几维鸟。

不会飞的鸟被统称为“走禽类（ratites）”。Ratities这个词来源于拉丁语，意思是“木筏”。和飞行的鸟类不同，走禽类的胸骨是扁平的，像木筏一样，不能支撑用来飞行的肌肉。

鸵鸟是现存最大的鸟，高可达2.75米，重可超过150千克。在狮口逃生时，鸵鸟能像赛马一样在非洲的稀树草原上飞奔，速度可以达到每小时70千米。即使在累了的时候，鸵鸟重重的腿仍然能够狠狠地踢出去。鸵鸟每只脚上只有两个脚趾，而南美洲的三趾鸵有三个脚趾。

在所有鸟蛋中，鸵鸟蛋是最大的，差不多有足球那么大。

新西兰的几维鸟和鸡差不多大。它们的羽毛类似哺乳动物的毛，用鼻孔来寻找虫子和蛆。几维鸟是唯一一种鼻孔在喙末端的鸟。

新西兰的鸮鹦鹉逐渐失去了飞行能力，因为在欧洲人把狗和猫引入到新西兰之前，它们没有天敌。

三趾鸵也许与鸵鸟和鸸鹋存在着亲缘关系，但是它们生活在南美洲的草原上。这些不会飞行的鸟都有类似的生活方式，即能在草原上飞奔。

不会飞的加拉帕戈斯鸬鹚生活在多山的岛屿上，它们的小翅膀被用来帮助自己保持平衡。

◀几维鸟是夜行动物，它们的灵敏嗅觉可以帮助它们在夜晚的土里寻找蠕虫和昆虫。

企鹅

企鹅有17种，包括绅士企鹅、帽带企鹅、王企鹅、帝企鹅、跳岩企鹅和马可罗尼企鹅等。

企鹅一生的四分之三都生活在南部海洋的寒冷区域，只有到了繁殖期才到陆地或者海冰上。大部分企鹅都生活在群栖地的巢中。企鹅不会飞，却是游泳高手。它们利用鳍足在水下“飞翔”，用它们的尾巴和脚掌握方向和刹车。企鹅的羽毛是防水的，皮下有厚厚的脂肪，所以它们能在-60℃生存。

小蓝企鹅是最小的企鹅，它们的身高只有40厘米。

▲刚出生的帝企鹅全身覆盖着绒毛，需要依靠父母来喂养它们。长大以后，它们会长出防水的羽毛，能进入水中捕猎。

▲与所有的企鹅一样，斯岛黄眉企鹅不得不和人类争夺海洋中的鱼，因此也受到了水污染的影响。

帝企鹅是最大的会游泳的鸟类。它们身高1.2米，体重超过40千克，比任何会飞行的鸟类都要重一倍以上。帝企鹅偶尔能潜到250米或者更深的地方捕食鱼类——鱼是它们最主要的食物。

阿德利企鹅每年要在冰上摇摇摆摆地走100千米才能到达自己的繁殖地。

企鹅能高高地跃出水面，落在结冰的岸上。但是到了陆地上，它们只能笨拙地摇摇摆摆地走路或者用肚子滑行。

▶入水时，绅士企鹅的头、身体、腿和尾巴能形成一个流线型整体，这让它们更容易在水中滑行。

你知道吗？

雄企鹅把雌企鹅下的蛋放在脚上保暖，直到它们孵化出来为止。

信天翁、鹱和海燕

信天翁能活60年，甚至80年。大部分鸟类每次产卵都在一枚以上，但是信天翁每年只产一枚卵。在21个信天翁物种中，有19个濒临灭绝。它们正在被一种称为“延绳钓”的钓鱼方法杀死，这种钓鱼方法把信天翁拖到水下溺死。

漂泊信天翁拥有鸟类中最大的翅展——3.5米，其速度能达到每小时90千米。它们能够滑翔而不用拍打翅膀，每天能飞行几千千米。漂泊信天翁的雏鸟要在巢中度过10个月才能长齐成鸟的羽毛。

南极洲的巨鹱用它们带钩的、有力的喙来获取食物。它们的食物是动物的死尸或者企鹅和信天翁等。

短尾鹱在塔斯马尼亚附近的岛上繁殖，但其余时间，它们就在整个太平洋上空游荡，飞行距离达32 000千米。

风暴海燕是欧洲最小的海鸟。它们在波浪之上飞行，以捕食水面上的鱼和浮游生物。

鹈燕能潜到海里，并利用它们短短的尾巴在水下“飞行”，以此寻找鱼和其他猎物。

◀信天翁一生中大部分时间都在南部海洋上空飞翔，只有在筑巢和繁育后代时才返回陆地。

鸥和涉禽

鸥是生活在全世界海岸边的水鸟，它们在悬崖、岛屿和海滩上筑巢。鸥和贼鸥、燕鸥有亲缘关系。燕鸥比鸥体型更小，动作更优雅，尾巴是叉形的。

大黑背鸥是凶猛的捕食者，以鱼、兔子等为食。

银鸥的雏鸟会啄父母喙上的红点，让它们反刍食物喂自己。

象牙鸥是唯一一种羽毛全白的鸥。它们主要生活在北冰洋沿岸和这一地区的岛屿上。

反嘴鹬用它们向上翻转的尖喙在水和泥中搜寻食物。

剑鸻能假装翅膀受伤，这就能把捕食者引离自己的巢穴。

瓣蹼鹬的雌性比雄性颜色更鲜艳。它们让伪装更好的雄性来照顾它们的卵和养育后代。

丘鹬是一种与众不同的涉禽，因为它们生活在森林中，而不是岸边。它们斑驳的棕色羽毛能提供很好的伪装。

在繁殖季节，成群的雄性流苏鹬会聚集在比武场，炫耀它们头上和脖颈儿上漂亮的羽毛。这能吸引异性。

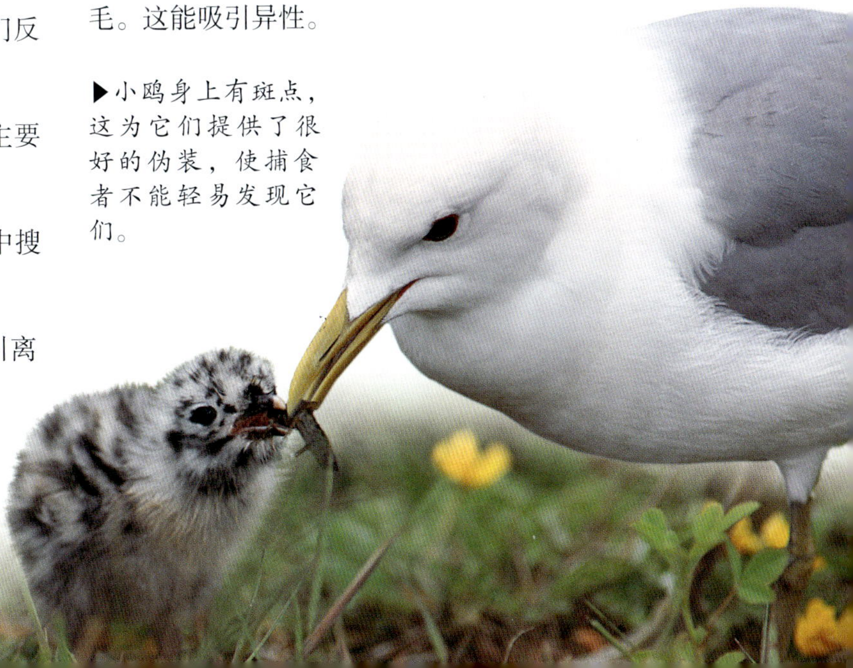

▶小鸥身上有斑点，这为它们提供了很好的伪装，使捕食者不能轻易发现它们。

鹈鹕和鸬鹚

鹈鹕和鸬鹚的四个脚趾间有皮肤相连。和它们有亲缘关系的塘鹅和军舰鸟也是如此。鹈鹕以及和它们有亲缘关系的鸟类都以鱼类为食。它们大都生活在海上，飞行能力很强。鹈鹕把鱼铲入它们巨的大喉囊中。鹈鹕的喉囊膨胀起来装的食物比胃还要多。

◀鹈鹕从3~10米的高空跃入水中捕鱼。进入水中后，它们张开喙，把鱼铲入它们的喉囊中。

澳大利亚鹈鹕的喙在所有鸟类中是最大的，长度能达到47厘米。在求偶期，它们黄色或粉色的喉囊会变成猩红色。澳大利亚鹈鹕的幼鸟可以爬进父母的喉囊中，吃父母反刍出来的食物。

白鹈鹕通常聚集在一起捕鱼。它们形成一个圈，并向前移动，把鱼逼到圈的中心。

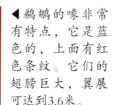

◀鹈鹕的喙非常有特点，它是蓝色的，上面有红色条纹。它们的翅膀巨大，翼展可达到3.6米。

鸬鹚的羽毛能迅速吸水，这让它们能潜到水下捕鱼。

军舰鸟很了不起，它们的名字来源于被称为“军舰”的海盗船，这是因为它们能从其他鸟类那里盗取食物，就像海盗从其他船偷东西一样。这些鸟是飞行高手，能转身和掉头捕捉半空中的食物。

为了吸引异性，雄军舰鸟会把它们的喉囊鼓得像气球一样。军舰鸟用木棍搭建一个简易的巢，雌鸟在巢中产下一枚卵。雄鸟和雌鸟一起孵蛋。小军舰鸟在4~5个月时就能飞了。

蓝脚鲣鸟和塘鹅有亲缘关系。它们的名字来源于西班牙语“bobo”，意思是“小丑”。这些鸟儿会炫耀自己的蓝脚来打动异性。它们也用脚来为卵保暖。这些卵被产在赤裸的岩石上。

▲鸬鹚是巨大的水鸟，它们有一副原始的外表，长长的脖子就像是爬行动物一样，让人印象深刻。人们经常可以见到它们张开翅膀站立着，这是它们在晾晒翅膀呢。

你知道吗？

白鹈鹕在水边聚集在一起筑巢，有时有1000~30 000对鹈鹕聚在一起。

鸭和鹅

鸭、鹅和天鹅被称为水禽，它们都生活在水上或靠近水的地方。水禽有大约150种，每一种群发出的叫声都不一样。鸭发出“嘎嘎”的声音，鹅发出啊啊的声音，天鹅发出“哦哦”的声音。

水禽能在水上漂浮几个小时，它们的脚上有蹼，能够划水。在水上，它们动作优雅。但是到了陆地上，它们只能非常笨拙地摇摇摆摆地走动，这是因为它们的腿长在身体下方后半部分，是为游泳做准备的。

鸭的脖子和翅膀比天鹅短，它们的喙比天鹅的扁。雄性被称为“公鸭”，雌性被称为“母鸭”，它们的宝宝被称为“幼鸭”。

潜鸭（如红头潜鸭、凤头潜鸭、黑海番鸭）能够潜入水中寻找食物，如河床上植物的根、贝类和昆虫。

钻水鸭（如绿头鸭、赤颈凫、赤膀鸭、水鸭）能钻入水中，用它们的喙在水中像过筛子一样地寻找食物。有些钻水鸭在水面寻找食物，还有一些则倒立在水中，头伸入水里，在泥水中寻找水草和蜗牛。

天鹅是最大的水禽。它们拥有优雅的长脖子，除南美的黑颈天鹅和澳大利亚黑天鹅以外，其他天鹅都有纯白色的羽毛。小天鹅是灰色的，带有斑点。

大部分水禽在水中获得食物，但鹅在陆地上寻找食物。它们用强有力的喙撕扯草和其他植物。鹅的宝宝被叫作“小鹅”。

◀水鸭是英国最小的在水面寻找食物的鸭子，它们经常成群地生活在一起，每群有20至几百只不等。

鹭、鹳和篦鹭

鹭身体苗条，腿和脖子是细长的，翅膀又宽又大。它们有60种左右。

捕食时，大部分鹭都会涉入浅水中，用它们强有力的喙啄食鱼和其他生物。黑鹭用它们展开的翅膀遮挡水面，这样它们就更容易发现水中的鱼。鹭通常在群栖地筑巢——它们用木棍在树上建造松散的巢。

牛背鹭和鹭有亲缘关系。它们会紧跟吃草的牛群，捕捉牛正在驱赶的昆虫。

鲸头鹳是鹳的一个分支，它们用强有力的喙捕捉滑溜的肺鱼。和其他鹳一样，鲸头鹳也会通过张合它们的喙来进行炫耀或者示威。

▲蓝鹭是北美最大的鹭，身高超过1.5米。

白鹳夏季生活在欧亚大陆，它们会迁徙到非洲、印度和中国南部去过冬。白鹳用小树枝在人们的屋顶搭建巢穴。有些人认为白鹭在自己的屋顶搭巢会给自己家带来好运。

火烈鸟是粉红色的涉禽，它们成群地生活在热带地区的湖中。它们的颜色是由摄取的食物决定的。

篦鹭的名字来源于它们喙的形状。它们的喙是感觉器官，能感知水中移动的猎物。

神鹮被古埃及人奉为神鸟。它们经常出现在坟墓的壁画中，人们已经发现了数百万个被制成木乃伊的神鹮。

猛禽

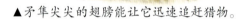

▲矛隼尖尖的翅膀能让它迅速追赶猎物。

猛禽大约有280种。这个类群包括茶隼、猎鹰、苍鹰、鸢和秃鹫等。

大部分猛禽都是猎手。它们用爪子捕食鸟类、鱼和小型哺乳动物。它们大多数都非常强壮，而且是飞行高手。它们有敏锐的视觉、强有力的爪子和带钩的喙。

白头鹰是最有力量的猛禽。亚马孙雨林中的雌性美洲角雕非常凶猛，能捕捉树梢的猴子和树懒。

白头海雕是美国的象征。它们的名字来源于头顶白色的羽毛。

鹰分为两大类：一类是鹰属，如苍鹰。它们站在高处等待猎物。另一类是鵟属，如茶隼。它们在高空盘旋。鸢是鵟属的一个分支。

蜗鸢的食谱与众不同，它们只吃田螺。蜗鸢带钩的细喙能够到田螺壳的内部，不必破坏它们的壳就能拽出里面的肉。

在中世纪，人们训练隼和猎鹰站在手腕上飞出去捕捉鸟和动物。

▲鹗的脚上有锋利的刺，用来帮助它把光滑的鱼从水中带到高处。

你知道吗？

游隼在俯冲向猎物时，速度可以达到每小时350千米。

◀雕的喙坚硬有力，而且带钩，能把食物撕成可以吞下的小块。

秃鹫

秃鹫是最大的猛禽。它们不会自己捕猎，而是以腐肉为食。秃鹫会花几个小时在高空飞翔，用它们敏锐的视力搜索地面的食物。许多秃鹫都是秃头的。这样，当它们把头钻入动物的尸体时，就不会沾上很多血。

棕榈鹫是唯一的植食性猛禽，它们的食物是油棕果。

埃及秃鹫有时会朝着鸵鸟蛋扔石头，这样就能打破坚硬的外壳，吃到里面的东西。

加州神鹫非常稀有。在20世纪80年代中期，所有野生加州神鹫都被捕获。从那以后，人们对它们进行人工圈养，目前有些已经被放归自然了。

王鹫嗅觉灵敏。它们依靠嗅觉在广阔的热带森林中寻找动物的尸体。

胡兀鹫被称为“长胡子的秃鹫”，因为它们的下巴上长着一些短而硬的胡须。胡兀鹫飞到高处，然后把动物骨头抛到岩石上摔开，这样就可以吃到骨头中营养丰富的骨髓。

你知道吗？

安第斯神鹫是世界上最大的秃鹫，翼展超过3米。

▲秃鹫的翅膀非常宽大，这让它们能在上升热气流上滑翔。

猫头鹰

猫头鹰吃活的动物，它们大部分都在夜晚捕猎。白天时，它们在树上栖息，所以，大部分猫头鹰的羽毛是棕色的，而且有斑点。这更利于伪装。

猫头鹰主要分为两个科：草鸮科和鸱鸮科。草鸮有心形的面盘，眼睛很小，腿细长。鸱鸮的面盘是圆形的，眼睛和耳朵很大。鸱鸮有135种，草鸮有12种。分布最广的物种是仓鸮，它们分布在除南极洲的世界各地。

小型猫头鹰主要以昆虫为食。较大的猫头鹰以老鼠和鼩鼱为食。雕鸮能捕捉小鹿。

在乡下，灰林鸮的食物中，小型哺乳动物占90%。但是，现在许多灰林鸮生活在城里。在那里，它们的食物主要以小型鸟类为主，如麻雀和八哥。

猫头鹰的听力比人类灵敏10倍左右。它们在夜间捕猎，主要靠的就是捕捉猎物发出的声音。大部分鸟类的眼睛都向侧面看，但是猫头鹰的眼睛像人类一样向前看。这很可能就是为什么从古代起猫头鹰就是智慧的象征。猫头鹰翅膀上的飞羽能够降低拍打翅膀的声音，这让它们能悄无声息地冲向猎物。

雪鸮白色的羽毛为它们在冰雪覆盖的北极荒原中提供了很好的伪装。

这些猫头鹰能猛冲向猎物，发动突然袭击。

◀猫头鹰整个吞食猎物，不能消化的东西会变成小球被吐出来。

杀手档案：乌林鸮

沉默的猎人

乌林鸮坐在冬天光秃秃的树枝上，用锐利的目光扫视着大地，显得非常威武。这些杀手密切注视和倾听着每一个匆匆经过的啮齿动物。

然而，乌林鸮的体型大小实际上主要由它们蓬松的羽毛决定的。它们一年中的大部分时间都生活在北方寒冷的森林中，厚厚的羽毛让它们得以生存下来。

和其他猎手一样，乌林鸮需要依靠它们超强的视觉和听觉去发现猎物。它们甚至能听到厚厚的积雪下老鼠在树叶中跑动的声音。它们通常在黄昏或者黎明时捕猎，对猎物发动突然袭击。它们先用脚破开结了一层冰的积雪。它们的力道，再加上锐利的爪子，通常能让猎物的骨头和内脏破碎。

抓住猎物后，乌林鸮会把猎物带着皮、爪子和骨头，整个吞下。几小时后，乌林鸮会吐出一团不能消化的东西，这团秽物是由毛和骨头结合在一起形成的。

饥饿无助

乌林鸮自己不筑巢，它们住在枯树里，或是其他鸟的旧巢。在刚孵化后的前4~6周里，小乌林鸮完全依靠它们的父母。

▲居高观望

乌林鸮站在高高的树枝上，倾听着猎物发出的一切声音，这能帮它们定位猎物的位置。它们头上的面盘也能收集声音，提高听力。猎物被锁定后，它们便悄无声息地飞过去。

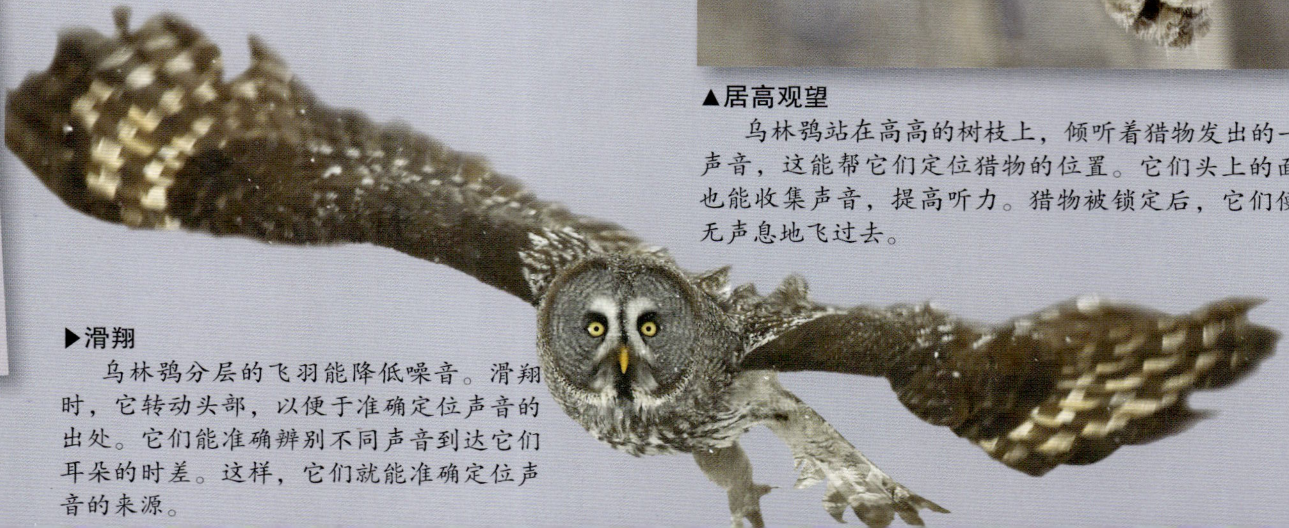

▶滑翔

乌林鸮分层的飞羽能降低噪音。滑翔时，它转动头部，以便于准确定位声音的出处。它们能准确辨别不同声音到达它们耳朵的时差。这样，它们就能准确定位声音的来源。

乌林鸮翅膀上的骨头比较长，可以便于起飞
两只眼睛限制在管状骨头之中，所以几乎不能动
骨骼很结实，但很轻，只占体重的9%
脚上的骨头是短粗的，适合抓握

◀袭击
乌林鸮身体前倾，用强有力的爪子抓住猎物。乌林鸮能完全依靠听觉捕捉猎物，且常常能捕捉到藏在雪下面的动物。

▶进食
在孵化和哺育过程中，雄性乌林鸮为雌鸟和雏鸟提供所有的食物。乌林鸮妈妈把食物撕碎，喂给它们的宝宝。

猎禽

许多猎禽被猎人捕捉了当作食物，或者用来竞技。这就是为什么它们被称为“猎禽”。猎禽大部分时间都趾高气扬地在地面走动，寻找种子吃。它们只有在紧急情况下才飞行。

猎禽有250种，包括雉、松鸡、灰山鹑、鹌鹑和孔雀等。48种雉中，大部分都原产于中国和中亚。

大部分猎禽的雌鸟羽毛都是暗棕色，这方便它们躲藏在森林和高沼地中。

在繁殖季节，猎禽的雄鸟会鼓起羽毛，趾高气扬地走来走去，吸引异性。它们也发出咯咯声、啭鸣声和尖叫声来吸引异性的注意。为了赢得某一片区域的交配权，雄雉间通常会发生激烈的争斗。

东南亚的原鸡是家鸡的祖先，它们生活在野外。

沙鸡生活在沙漠中，雄沙鸡要飞出数千米之外去找水。它们用腹部的羽毛储存水，带回来喂给小鸡。

◀冬季时，珠颈翎鹑聚在一起生活。每群有200~300位成员。

鹦鹉和凤头鹦鹉

鹦鹉大约有330种，分为三大类：真鹦鹉、凤头鹦鹉和吸蜜鹦鹉。

典型的鹦鹉和长尾小鹦鹉的舌头很宽，多肉，末端像勺子一样；凤头鹦鹉舌头窄，短小；吸蜜鹦鹉和虹彩吸蜜鹦鹉的舌头像刷子一样，方便它们吃花粉和花蜜。

鹦鹉通常颜色鲜艳，成群生活在热带地区的森林中，以水果、坚果和种子为食。鹦鹉有两个脚趾向前，两个向后，这样，它们就能抓紧树枝和食物。鹦鹉因能模仿人的声音而出名。有些鹦鹉的词汇量能达到300个，或者更多。

凤头鹦鹉是仅有的头上有冠羽的鹦鹉。当它们激动、害怕或生气时，它们的头冠便会上下抖动。

虎皮鹦鹉是一种来自澳大利亚中部的长尾小鹦鹉，是常见的宠物。

东南亚短尾鹦鹉的名字来源于它们的睡姿——它们像蝙蝠一样悬挂着睡觉，所以有“悬挂的鹦鹉”之称。

新西兰的啄羊鹦鹉既吃水果，也吃肉。曾经还有人错误地认为它们能杀死绵羊。

新西兰的鸮鹦鹉是一种罕见的鹦鹉，它们是夜行动物，生活在地面上。它们是所有鹦鹉中最重的，重得根本飞不起来。在繁殖季节，雄性鸮鹦鹉低沉的叫声能传到1千米以外。

◀红金刚鹦鹉生活在南美亚马孙雨林之中。

雨燕和蜂鸟

雨燕和蜂鸟的腿和脚很小，它们大部分时间都在飞行。只有交配和需要休息降落时，它们的脚才派上用场。

雨燕的巢是用特殊的唾腺分泌的黏黏的唾液筑成的。雨燕的喙很短，经常处于张开的状态，能在飞行中捕捉昆虫。它们能在飞行中过夜，甚至在飞行中睡觉。

普通楼燕能从欧洲一路飞到非洲，不做停留，然后再飞回来。

凤头树燕脆弱的巢直径只有2.5厘米，里面只有一枚卵，用唾液粘在巢上。雌雄凤头树燕轮流孵蛋。

大乌雨燕在瀑布的背后筑巢、栖息，它们需要在瀑布的水墙上穿来穿去。

蜂鸟是鲜艳的热带鸟类，大约有340种。它们个头很小，靠吸食花里的花蜜生存。它们是最出色的空中杂技师，能在花前面盘旋和转身。

吸蜜蜂鸟是世界上最小的鸟类。包括长长的喙在内，体长只有5厘米。

▲蜂鸟的喙能让它们直接够到筒状花深处的花蜜。

你知道吗？

在盘旋的时候，角蜂鸟每秒钟能拍打翅膀90次。

翠鸟和蜂虎

翠鸟属于鸟类中的一个分支，这个分支有多个成员，其中也包括佛法僧、戴胜、蜂虎和犀鸟。它们大部分颜色都很鲜艳，也有巨大的喙。

翠鸟通常在河岸上打洞筑巢，有时也在树洞或白蚁窝中居住。翠鸟站在清澈的小溪和河流的树枝上，或是在静水之上盘旋，以密切注视水面下鱼的迹象。发现猎物后，它们会以闪电般的速度出击。

笑翠鸟是大型翠鸟，它们的名字来源于它们响亮的叫声。这种叫声就像是人的笑声一样。

佛法僧（英文名是“roller”，意思是“滚动”）的名字来源于雄性求爱时的翻滚行为——它们飞向空中，然后再俯冲下来，在落地前先在空中翻个筋斗。

戴胜（戴胜的英文名是“hoopoe”）这个名字来源于这种鸟的叫声，听起来就像是在发出“hoo-poo-poo”的声音。它们用长长的、带钩的喙寻找地里的蠕虫和昆虫。

绿林戴胜的夫妇有十来个帮手一起觅食，保卫巢穴。长大后的雏鸟会帮助把它们养大的成鸟。

蜂虎颜色鲜艳，捕食飞行的昆虫。它们食谱中有很大一部分是蜜蜂和胡蜂。蜂虎用喙叼住蜜蜂或是其他有螫针的昆虫，把它们在坚硬的表面摔打或摩擦，这样就能去除毒针上的毒液。然后，它们便能安全地把这只昆虫吞下去。

▶非洲三趾翠鸟是最小的翠鸟之一。它们主要以昆虫和蜘蛛为食。

犀鸟

犀鸟喙上面长着一个像角一样的盔突。这能放大它们的叫声，使它们的声音变得更响亮。犀鸟令人惊奇的喙上覆盖着一层角蛋白（坚硬、重量很轻的物质）。它们的喙有多种用途，可以用来吃东西、整理羽毛，还可以啄击敌人。

犀鸟最上面的两块颈骨连接在一起。它们脖子上的肌肉非常强壮，故能够准确地移动它们巨大的喙来啄食很小的食物，如种子和花蕾。犀鸟的喙和盔突并没有看起来那么重，它们里面有一部分像蜂窝一样的结构，中间有空隙。

雌犀鸟用它们的喙把嚼烂的食物和粪便混合成糊状。这糊状物有一种奇怪的用途：封堵巢穴的入口，把自己关在里面，只留下一条狭窄的缝。雄犀鸟通过这条缝传递食物，雌犀鸟则通过它排出粪便。雌犀鸟把自己封在洞里一个多月，在此期间，它孵化产下的2~3枚卵，并且在宝宝出生后照顾它们。

犀鸟的眼部靠前，能够看到越来越细的喙的末端。这样，它们就能精准地捡起食物。

▲马来犀鸟盔突的末端向上翻起，像是犀牛的角一样。

盔犀鸟的格斗方式令人觉得不可思议——它们在半空中对撞。这些格斗通常发生在无花果树附近，所以它们有可能是为了争夺成熟的无花果。这是它们最喜爱的食物。

你知道吗？

据说，巴布亚犀鸟吃蟹、蜂巢和泥土。

◀犀鸟的筑巢策略使得它们的卵处于隐蔽之中，这样，在幼鸟孵化出来之前，便能躲过捕食者。

啄木鸟和巨嘴鸟

啄木鸟、彩色的巨嘴鸟和热带雨林中的鵎有很近的亲缘关系。

啄木鸟的每个脚上有两个朝前的脚趾和两个朝后的脚趾。这能帮助它们抓住树和树枝。啄木鸟能凿开腐烂的树干，寻找里面的昆虫。它们的舌头很长，而且是黏性的，能舔食它们找到的昆虫。啄木鸟不是凭借叫声占领自己的领地，而是通过用喙敲击树木的方式。

吉拉啄木鸟在巨大的巨人柱仙人掌内部筑巢，躲避沙漠的炎热。在那里，有可能比周围的温度低30多摄氏度。

橡树啄木鸟在树上钻出洞，然后把橡子紧紧地揳进去，这样就能防止松鼠把它们偷走。

绿啄木鸟并不在树上获取食物，而是在地面上。它们最喜爱的食物是蚂蚁。

小巨嘴鸟直到4个星期大的时候才开始长羽毛。

你知道吗？

巨嘴鸟的喙长23厘米，比它们的身体还要长。人们还不清楚它们为什么要长那么长的喙。

◀巨嘴鸟的喙并没有看起来那么重。里面充满了空隙，由纵横交错的蜂窝状的骨头支撑。

麻雀和八哥

鸟类物种中大约60%属于栖鸟类。它们脚上有三个朝前的脚趾，一个朝后的脚趾，让它们能够捉住栖息的树枝。

栖鸟的巢很小，很整洁，形状像杯子。它们也能歌唱。它们的叫声不是单一的声音，而是一系列曲调。画眉、夜莺和森莺等能发出动听歌声的栖鸟被称为“鸣禽”。鸣禽中通常只有雄鸟才歌唱。而且主要是在交配季节，歌唱的目的是为了警告竞争对手离开，同时也能吸引异性。

家麻雀是分布最广的鸟类之一。它们已经适应了和人类住在一起，从农场到城市中心，它们在哪里都能筑巢。

八哥有100多种。欧洲八哥的羽毛是棕黑色的，而许多非洲八哥颜色非常鲜艳。

北美洲数以百万的欧洲八哥都是从19世纪90年代在纽约中央公园放飞的100只繁殖而来的。

许多栖鸟，包括八哥在内，都非常善于模仿。澳大利亚东南部的琴鸟能模仿其他鸟儿的叫声，也能模仿汽笛和电锯的声音。

非洲的红嘴奎利亚雀是最常见的鸟。共有100亿只。

◀家麻雀社会性很强，也非常爱叫。它们成群地生活在一起，在建筑、树木和巢箱中筑巢。

什么是爬行动物和两栖动物？

爬行动物的有将近6000种，它们被分成四大类：鳄鱼和短吻鳄、蛇和蜥蜴、海龟和陆龟、大蜥蜴。

爬行动物的皮肤上有鳞，它们有骨架，并且有脊椎。它们有的能产下有防水壳的卵，有的直接生下幼崽。爬行动物能在陆地上许多不同的地方生存，甚至在最干旱的沙漠中，但有一些生活在淡水和海水中。它们在温暖的地方最常见，因为它们依靠周围的环境获得热量。这种特点被称为“冷血”。爬行动物有时在冷的地方，有时在热的地方。它们以这种方式控制自己的体温。它们晒太阳取暖，在寒冷的时候不太活跃。

两栖动物是既在陆地上生活，又在水中生活的动物，包括青蛙、蟾蜍、蝾螈和火蜥蜴。大部分爬行动物在陆地上产卵，但大部分两栖动物会回到水中交配和产卵。两栖动物从蝌蚪或幼体变化而成。这个过程被称为“变态”。

和爬行动物一样，两栖动物也是冷血的。

爬行动物是最早完全在陆地上生活的大型动物。它们早在3.4亿年前就开始在陆地上生活。

▶生活在地面之上的蜥蜴耳朵的开口很大，眼睛也非常大。

青蛙和蟾蜍

▶蟾蜍皮肤上的疣状突起能产生毒素，防御捕食者。

青蛙和蟾蜍是两栖动物（既在陆地上又在水中生活）。青蛙和蟾蜍大约有3900种。它们大部分靠近水生活，但有些生活在树上，还有一些活在地下。

青蛙的皮肤通常是光滑的，它们的后腿很长，适宜跳跃。它们通常生活在水边。蟾蜍通常比青蛙大，皮肤更厚，有疣状突起。它们更喜欢生活在陆地上。青蛙和蟾蜍是食肉动物。它们伸出长长的、带黏性的舌头捕捉快速飞行中的昆虫。

青蛙和蟾蜍的早期生活形态是像鱼一样的蝌蚪。蝌蚪是由水中大团的卵孵化出来的。7~10周之后，蝌蚪长出腿和肺部，变成了青蛙。

雄性产婆蟾照看卵。它把一条条的卵带缠绕在后腿上，去哪里都带着它们，直到它们孵出来为止。

西非的非洲巨蛙是最大的青蛙，长度达86厘米以上。澳大利亚昆士兰州的蔗蟾是最大的蟾蜍。一只可重2.6千克，长25厘米以上。

中美洲雨林中彩色的毒箭蛙之所以有这么一个名字，是因为当地人用它们皮肤上的腺体产生的毒来涂抹箭头。

你知道吗？

雄性达尔文蛙把卵吞入口中，让它们在喉咙里保暖，孵化完成后，宝宝便从它的嘴里跳出来。

蜥蜴

蜥蜴是皮肤上带鳞片的爬行动物，大约有4000种。它们不能控制自己的体温，所以要依靠阳光来获取热量。这就是它们生活在气候温暖的地区，每天要晒几个小时太阳的原因。

苏门答腊岛的科莫多巨蜥是最大的蜥蜴，长3米，重可达150千克。最小的蜥蜴只有几厘米长。

大部分蜥蜴以昆虫和小动物为食。蜥蜴有很多种移动方式，有些甚至会滑翔。和哺乳动物不同，它们的四肢向侧面伸出，而不是向下面。

你知道吗？

变色龙的舌头可能比它的身体长，但通常会全都被塞进嘴里。

▶爬行的时候，变色蜥蜴用它们能抓握的尾巴紧紧抓住树枝。

虽然有些蜥蜴直接生产幼崽，但大部分蜥蜴产卵。与鸟类和哺乳动物不同，蜥蜴妈妈并不照看自己的后代。

鬣鳞蜥是大型蜥蜴，它们主要生活在太平洋沿岸和美洲。它们有将近700种。与其他蜥蜴不同，较大的鬣鳞蜥吃植物，并且大部分鬣鳞蜥以花、水果和叶子为食。

加拉帕戈斯群岛的海鬣蜥是唯一一种大部分时间都在海里的蜥蜴。它们以水下岩石上生长的海草为食。

变色蜥蜴有135种以上，其中大部分生活在马达加斯加岛和非洲大陆。变色蜥蜴的舌头末端有个粘垫，它们能以闪电般的速度射出舌头，用粘垫粘住猎物。

蛇

蛇是细长的爬行动物，身上有鳞片，没有腿。蛇大约有2700种。它们生活在除南极洲以外的所有地区。卡拉细盲蛇只有11厘米长，但是巨大的网纹蟒能长到10米长。

所有的蛇都是食肉动物，它们整个吞食猎物。食卵蛇整个吞食卵，然后利用颈椎上向下生长的锋利的刺把卵壳弄碎，将卵中的东西吞吃之后，再把卵壳吐出来。

▲巴基斯坦、印度和斯里兰卡的青环蛇是毒性最强的蛇之一。

有些蛇依靠挤压的方法杀死猎物，有些利用毒液。大约有700种蛇是有毒的。蛇的毒液被称为“蛇毒”，蛇通过空心的毒牙把毒液注射到猎物或捕食者体内。

为了生长，蛇需要蜕掉最外层的皮。这被称为“蜕皮”。蛇每年大约蜕皮6次。一层新的、更大的皮肤要在旧皮肤之下长出来。

大部分蛇在温暖、潮湿的地方产卵，然后让它们自己去孵化。有些雌蛇，如蟒蛇，在卵孵化的过程中，会盘绕在周围，保护它们不被捕食者吃掉，或者被恶劣天气毁掉。少数蛇，如蚺、响尾蛇、蝰蛇和大部分海蛇会亲自孵化小蛇。

海蛇能潜到100米的深海去捕鱼。它们的尾巴能够像桨一样推动它们在水中前进。世界上最毒的蛇是黑头海蛇。

杀手档案：许氏棕榈蝮

等待游戏

在热带森林中，当太阳落下时，许氏棕榈蝮便出来捕猎。这些小蛇毒性很强，它们能以闪电般的速度对猎物发起致命一击。

许氏棕榈蝮是所有蛇中最特别的之一。它们的身体非常适合捕杀猎物。它们的食物主要是鸟类、小蜥蜴、青蛙和小型哺乳动物，如啮齿动物。它们大部分时间生活在树上、灌木和藤里，通常靠近小溪和河流。

蛇利用嗅觉和味觉锁定猎物。它们分叉的舌头能“品尝”空气的味道。它们伸出舌头，收集气味分子，然后把这些信息传递到上颚的雅各布逊氏器。这个器官能分析味道和气味，为蛇提供周围环境的信息。

除了嗅觉和味觉之外，许氏棕榈蝮的眼睛和鼻孔之间还有感知功能很强的凹点，能觉察到周围动物产生的热量。通过这些凹点，许氏棕榈蝮甚至能计算出猎物的距离和所在的方向。这种超级感官甚至能帮助它们在漆黑夜晚的森林中发现猎物。

许氏棕榈蝮的毒牙装有“铰链”。在通常情况下，它们紧贴着上颚。在猎物进入攻击范围后，它便突然冲向前，把毒牙刺入猎物的身体，通过毒牙把毒液注入猎物的伤口之中。

许氏棕榈蝮很少攻击人类，但被它们咬伤，可能会造成巨大的痛苦和肿胀，有时还会导致死亡，不过这种情况十分罕见。

◀**等待**

许氏棕榈蝮并不主动去寻找猎物。它们用尾巴缠绕在植物的茎上，等待猎物的到来。当它们感觉到猎物靠近了，就张开大嘴，毒牙也准备到位，然后突然冲向前。

小却可以毙命

和大部分蛇不同，许氏棕榈蝮不产卵，而是生下小蛇。雌性许氏棕榈蝮每窝能生6~20条小蛇。

脊椎上分出来的
细小的骨头（肋
骨）能防止它们
的身体扭伤
毒液被注射到肌肉
组织深处
在攻击猎物或吃东
西的时候，蛇的下
颌骨能张得很大

特写镜头

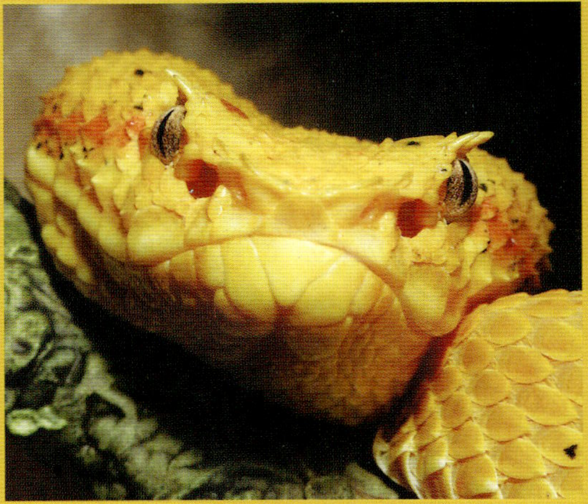

眼睛上奇特的鳞片让你能辨认出许氏棕榈蝮。它们眼睛和鼻孔之间有非常明显的颊窝，用来感知热量。

▼吞食

猎物被整个吞下。蛇能整个吞下猎物是因为它们的颌骨可以脱离头盖骨。蛇的下颌骨左右交互运的动，慢慢地把猎物吞下去。吃过东西以后，它们可以几周甚至几个月不再吃东西。

眼镜蛇和蝰蛇

大约有300种蛇能把人杀死。其中包括眼镜蛇和黑曼巴蛇。

眼镜蛇的毒液储藏在短小、固定的毒牙中。而蝰蛇的毒牙特别长，需要折叠起来。

眼镜蛇的毒液能够伤害猎物的神经系统，麻痹它们的肌肉，使它们的心脏和肺停止工作。眼镜蛇的毒液之所以能致人死亡，是因为它让受害者的血液凝结成块。人们用蛇毒来治疗血友病（这些病人的血液具有凝血障碍）。眼镜王蛇是最大的毒蛇，能长到5米长。

◀蝰蛇发动袭击时，它的毒牙向前，做好注射毒液的准备。

你知道吗？

眼镜王蛇是已知唯一一种筑巢的蛇。雌蛇在巢中产下20~40枚卵，它会一直保护着这些卵，直到它们孵化出来。

要蛇人使用的是印度眼镜蛇。他们对着眼镜蛇表演，眼镜蛇跟随着笛子舞动，做出攻击的样子。但表演的眼镜蛇的毒牙已经被拔掉，变成了无毒蛇。

射毒眼镜蛇能把毒液喷射到攻击者的眼睛里。喷射距离可达2米甚至更远的距离，它们能非常准确地做到这一点。它们的毒液并不致命，但却足以让受害者失明，而且非常痛苦。

非洲黑曼巴蛇的速度能达到每小时20千米，这个速度足以超过奔跑中的人。

美洲的蝮蛇头两侧有能感知热量的颊窝。它们能在黑暗之中跟踪温血的猎物，如老鼠。

蟒蛇和蚺

世界上最大的六种蛇都属于蚺和蟒。它们是：森蚺、红尾蚺、印度岩蟒、网纹蟒、非洲岩蟒、紫晶蟒。蟒和蚺属于依靠身体用力收拢来杀死猎物的蛇类。它们紧紧地缠绕在猎物身上，直到它们窒息或休克。

红尾蚺通常整个吞下猎物，然后花费几天时间把它们消化掉。它们独特的下颚可以使嘴巴张得很大。你能看到它们的身体形成了一个隆起，这是食物在它们体内移动。

蟒生活在亚洲、印度尼西亚和非洲。蚺和森蚺生活在南美洲。蚺等着它们的猎物送上门来。和所有蛇一样，它们可以几周不吃东西。森蚺生活在沼泽地或浅水中，等着那些来饮水的猎物。它们是最重的蛇，体重可以达到227千克。

树蚺是爬树高手。翡翠树蚺悬挂在树枝上，用嘴捕捉鸟类。它们用嘴唇周围的唇窝来感知猎物释放出的热量。

红尾蚺的花纹能给它们在多种栖息地提供很好的伪装，无论是在沙漠还是在森林中。

蚺有微小的残足，这是后腿退化而成的。雄蚺在交配时用它来抚摸雌蚺。

遇到危险时，皇蟒会紧紧地团成一个球。有时它们也被称为“球蟒”。

▼一条森蚺正缠绕着一只水豚。水豚是一种生活在亚马孙河的啮齿动物。

海龟和陆龟

你知道吗？

巨型陆龟慢节奏的新陈代谢和体内储藏的水可以让它们在不吃不喝的情况下存活一年。

◀海龟的鳍非常强壮有力，能够推动它们在水中行进。它们的壳是流线型的。

海龟和陆龟是有硬壳的爬行动物。它们和水龟一起同属于一大类——龟。

龟大约有300种，生活在全世界温暖的地区。它们都在陆地上产卵，包括那些生活在河里和海里的。

龟背上的壳被称为“背甲”。腹部扁平的盔甲被称为“腹甲”。大部分海龟和陆龟都没有牙齿，但它们的上颚和下颚有锋利的边缘，可以吃植物和小动物。

北美拟鳄龟是唯一一种对人类有危险的龟。

巨型陆龟有三个人那么重，能长到1.3米长，它们的寿命超过200年。

饼干龟扁平的壳让它能挤到岩石下面躲避捕食者和非洲的烈日。

棱皮龟是最大的海龟，能长到2米长。它也是唯一一种软壳的海龟。

绿海龟从它们进食的巴西海滩需要游大约2250千米到大西洋南部的阿森松岛筑巢。

鳄和短吻鳄

你知道吗？

鳄类吞下鹅卵石等东西帮它们消化胃里的食物。

鳄、短吻鳄、凯门鳄和恒河鳄是大型爬行动物，它们共同构成了鳄类动物。鳄类动物有13种，其中短吻鳄2种，凯门鳄6种，恒河鳄2种。鳄类动物早在2亿年前就和恐龙生活在一起。

鳄类主要捕食鱼类。不过，有些较大型的物种也捕食像斑马那么大的动物。鳄类的体温与周围环境一样。它们通常上午晒太阳，然后寻找阴凉处或游到水里，给自己降温。

最大的鳄是咸水鳄和尼罗鳄。它们能长到7米长。

恒河鳄的上下颚特别细长。恒河鳄的英文名是gharial（其中ghara在印地语中的意思是罐子），这是因为雄性恒河鳄的长鼻子上有一个像罐子一样的隆起。恒河鳄已经处于物种灭绝的边缘。

鳄比短吻鳄的嘴巴细。闭着嘴的时候，鳄下颌上的第四颗牙齿露在外面，而短吻鳄则没有外露的牙齿。短吻鳄生活在美国的佛罗里达州的大沼泽和中国的长江中。

尼罗鳄妈妈会把刚孵化出来的小鳄衔在嘴里，带到水中。

▼尼罗鳄通过袭击的方式捕猎。它们用嘴巴咬住猎物，拖进水里。

什么是鱼类？

大多数鱼类身材细长，呈流线型，生活在水里。许多鱼类身上长着闪光的鳞片。大部分鱼类有骨质的骨架，并有脊椎骨。

鱼类共有25 000种。它们的大小区别很大。侏儒虾虎鱼只有8毫米长，而鲸鲨却能长到13米。

▲许多鱼成群生活在一起。

鱼类主要分三大类。大部分鱼类属于第一类，它们是硬骨鱼，如三文鱼。第二类是个小类，大约有800种，它们具有弹性的软骨，包括鲨鱼和鳐鱼。第三类是无颚鱼（大约有70种），它们的身体像蛇一样，嘴是圆形的，用于吸吮。八目鳗和七鳃鳗就属于这一类。

鱼类是冷血动物。它们通过鳃呼吸。鳃是它们头上像刷子一样的器官。鱼类没有四肢，但它们有鳍。大部分鱼类每个鳃后面都有胸鳍，腹部有腹鳍，身体上部有背鳍，下面有臀鳍，末端有尾鳍。

大部分硬骨鱼通过让鱼鳔充满和排出气体的方式使自己停留在一定的深度。大部分鱼类鱼鳔能发出声音，它们依靠这种方式进行交流。

珊瑚礁鱼类

许多色彩丰富的鱼类生活在珊瑚礁附近的温暖海域。

有些蝴蝶鱼靠近尾巴的地方有一个假眼，用以迷惑敌人。为了让自己的迷惑手段更完善，它们甚至能向后游动。

在交配季节，雄性扳机鱼能增加体表颜色来吸引异性。

红纹隆头鱼出生时都是雌性，但是到了7~13岁时，它们会改变性别。

大型鱼，如石斑鱼，会排起队来等候清洁鱼来啃去它们的寄生虫和死去的皮肤。猬虾也提供类似的服务。

三带盾齿鳚长相类似清洁鱼。这让它们有机会靠近其他鱼，并咬上一口。

双线尖唇鱼能改变体表颜色，模仿无害的植食性鱼类，如雀鲷。

▶鹦鹉鱼的牙齿像鸟喙一样，能啃下一块块的珊瑚。

海鱼

75%的鱼类生活在海洋中，而非淡水里。

最大、最快的鱼，如剑鱼和旗鱼，生活在远离陆地的开阔的海洋表面。它们通常要长途迁徙去产卵和觅食。剑鱼的游泳速度能达到每小时80千米。它们用长刺去砍杀或者刺杀鱿鱼。

蓝鳍金枪鱼能够长到3米长，500千克重。它们也是游泳高手，能用199天穿越大西洋。

鳞头犬牙南极鱼血液中有一种抗冻的化学物质，这让它们能够在南极附近的寒冷水域生存。

深海鮟鱇头上长着能在黑暗中发光的鱼竿。那些被亮光吸引来的鱼就成了它们的美餐。

梭鱼是可怕的猎手，它们成群捕猎。它们的身体形状像蝌蚪，这让它们游得非常快。它们像匕首一般锋利的牙齿能杀死猎物。

◀腮盖鱼的鳃就在眼睛的后面，处在鳃盖的保护之下。如图可见金枪鱼的鳃盖。

翻车鱼是世界上最重和最宽的硬骨鱼。它们最长能长到3米，最高能达到4米。雌翻车鱼每次能产3亿枚卵。

刺鲀保护自己的方法是吞下许多水，使自己的身体鼓得像气球一样。如此一来，它们皮肤上的刺便会直立起来，让潜在的捕食者知难而退。

比目鱼

▼比目鱼的眼睛在它头部上方。

比目鱼大约有500种。它们没有鱼鳔，所以只能生活在海床上，不会浮起来。

所有的比目鱼最初都和平常的鱼没什么分别，但是在长大过程中，一只眼睛会滑过它们的头，和另一只排列在一起。鳞片的样式也发生改变，一侧变成了顶部，另一侧变成了底部。比目鱼的上面一侧通常都有伪装，能和海床融为一体。

鲽鱼用身体左侧躺在海床上，而大菱鲆用右侧躺在海床上。

大比目鱼是世界上最大的比目鱼，长度超过2米。与其他比目鱼不同，它们捕捉开阔水域里的鱼，而不是躺在海床上等待猎物的到来。

孔雀鲆鲜艳的蓝色圆环让它们看起来有点像孔雀尾羽上蓝色的“大眼睛”。

大部分比目鱼生活在海洋中，但也有一些物种的比目鱼生活在淡水中。比如，欧洲川鲽就经常要迁徙到河流中觅食。

比目鱼的卵含有油珠，能漂浮在海面上，或接近海面的地方。

鲽鱼主要以蠕虫和其他小型海生生物为食。它们主要依靠具有触觉感知功能的皮肤来发现猎物。

如果被放到黑白相间的棋盘上时，某些比目鱼能改变自身的颜色，和周围的环境相配。

海马和海龙

大部分海马和它们的亲戚——海龙、鳞烟管鱼、虾鱼、鹬嘴鱼一样，都生活在海洋中。

海马的头像马一样，尾巴像猴子尾巴一样能抓握住珊瑚和植物。海马背上微小、透明的鳍每秒钟能拍打20~35次，推动着它们在水中运动。它们依靠头两侧的鳍控制方向。海马身体覆盖着外骨骼，外骨骼能支撑和保护它们的内部器官。它们没有肋骨，但有骨质的内骨骼。

海马用吸入的方式捕捉食物。它们用长长的、中空的嘴巴吸入小型甲壳类动物。一只年轻的海马每天可以吃掉3500只小型甲壳类动物。

雌海马把卵产在雄海马身体前面的一个袋子中。雄海马带着这些卵，一直到小海马从袋子上方的一个小口中钻出来。

叶海龙和海马的亲缘关系很近。叶海龙的身上布满了树叶一样的薄片，能给它们在海草中提供伪装。而海马能变换体表颜色来适应栖息地的环境和躲避捕食者。

海龙长长的身子是直的，有微小的鳍。它们像海马一样拥有一层武装。大部分海龙水平游动，但也有一些垂直游动。像海马一样，雄海龙会一直把卵带在身上，直到它们孵化出来。

▼海马用能抓握的尾巴固定在珊瑚上。

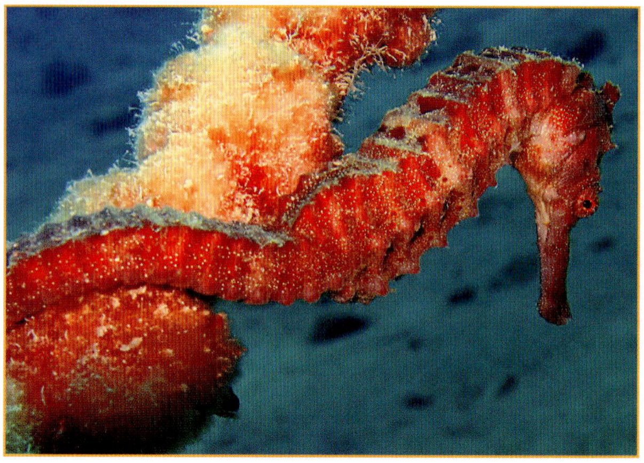

鳗鱼

▲鳗鱼长相酷似蛇，但是它们的鳍说明它们是鱼类。

鳗鱼身子细长，像蛇一样。大部分鳗鱼没有鳞，全世界大约有700种鳗鱼。鳗鱼宝宝被称为“幼鳗”。

真鳗小的时候像树叶一样，漂浮在海面上。有些物种会回到河中繁殖。

每年秋天，有些欧洲鳗鲡从欧洲的波罗的海迁徙7000千米到印度西部附近的马尾藻海去产卵。人们认为迁徙的鳗鱼能够探测到水流产生的微弱电波，这是它们不会迷路的手段之一。

欧洲鳗鲡卵在马尾藻海孵化以后会顺着洋流向东北方漂流。在这个过程中，它们发育成透明的小鳗鱼，被称为“玻璃鳗”。

海鳝体型巨大，它们生活在热带水域，捕食鱼、鱿鱼和乌贼。

吞鳗能在大西洋底部7500米的深处生存。它们的嘴十分巨大，这有助于它们在黑暗的深水中捕捉食物。

南美洲的电鳗能产生500伏以上的电流，这足以击晕一个人或击毙一条小鱼。

花园鳗成群地生活在海床上，从沙子里露出半截身子捕捉漂浮而过的食物。它们群居在一起，就像是花园中长出的奇怪植物。

鲨鱼和它们的亲戚

鲨鱼是海洋鱼类中最恐怖的杀手，大约有375种，主要生活在温暖的水域。

鲨鱼、鳐鱼和魟鱼的骨骼是由软骨构成的。而大部分其他鱼类都是硬骨鱼。有些鲨鱼产卵，但多数物种直接产下小鲨鱼。

▲鲸鲨用鳃过滤海水中的浮游生物和小鱼。

世界上最大的鱼是鲸鲨，可长到13.5米长。鲸鲨和姥鲛（可达12米）主要以浮游生物为食，不会伤害人。

鲨鱼的主要武器是它们强有力的牙齿，它们的牙齿能咬穿厚钢板。

鲨鱼把一大部分力道放到了牙齿之上，所以它们储备着3~4排牙齿。

雪茄鲛能从猎物身上咬下一块形似饼干的肉。

被蜜蜂蜇死或被闪电击死的人比因鲨鱼袭击致死的人还要多。目前已知的只有大约20种鲨鱼会攻击人类。

速度最快的鲨鱼是尖吻鲭鲨。它们在追赶金枪鱼和鲭鱼等猎物时速度能达到每小时90千米。

▲大白鲨有几排像剃刀一样锋利的牙齿，能撕碎猎物。它一生要用去几千颗牙齿。

鲨鱼的嗅觉非常灵敏。它们能感觉到水中百万分之一的血液，并且能在500米外嗅到受伤猎物的血液。

双髻鲨在游泳的时候会摆动它们T形的头。它们最喜爱的食物是长有毒刺的赤魟和鲇鱼。双髻鲨有10种。

鳐鱼是鱼中的一个大类，有300多种，包括赤魟、电鳐、蝠鲼、燕魟和犁头鳐。

大部分鳐鱼和魟鱼的胸鳍延伸成了宽阔的“翅膀”，所以它们的身体是扁平的。它们的鳃和嘴在身体的下方。

鳐鱼和魟鱼大多生活在大洋底部，以贝类为食。

蝠鲼生活在靠近水面的地方，以浮游生物为食。最大的蝠鲼是大西洋蝠鲼，通常有7米宽，6米长。

赤魟（赤魟的英文名是stingray）的名字来源于它们鞭子一样有毒钩的尾巴。

电鳐能释放强大的电流来保护自己。黑色的电鲼能释放220伏的电流，和家里插座上提供的电源一样强大。

◀赤魟上下拍打它们巨大的侧鳍，实现在水中的“飞行”。

杀手档案：大白鲨

致命的跳跃者

◀巡航

大白鲨的背部是黑色的，腹部是浅色的。这让它们在沿着海床巡航，捕捉上面的猎物时不容易被注意到。

大白鲨是游泳高手。它们肌肉发达的身体能提供强大的动力，让它们在水中飞快地穿行。它们是半温血动物，这就意味着它们比冷血的亲戚游泳速度更快、反应更迅速，也更聪明。

很少有杀手能像大白鲨那么出色。这种大鱼装备着天然杀手所应具备的所有特征：强大的下巴、剃刀般锋利的牙齿和猎手才拥有的敏锐感觉。然而，它们吓人的名声掩盖了一个事实：它们的未来并不明朗。

与流行的看法不同的是，大白鲨很少攻击人类。然而，其他猎物就没那么幸运了。大白鲨捕杀海豚、海豹和海狮，甚至其他鲨鱼——它们会吃所能捕到的任何其他大型生物。鲨鱼通常等在陆地上的一群海豹旁，在海豹回到水中时发动突然袭击。

科学调研

为了保证安全，科学家在没入水中的笼子中观察大白鲨。通过研究它们的习性，科学家试图找出一些办法阻止它们走向灭绝。游客也能在这些坚固的笼子中体验一把和致命杀手近距离接触的惊心动魄。

在发动第一次攻击之后，大白鲨会游开，等着受害者变得虚弱，再回来把它杀死。大白鲨通常单独捕猎，不过有时也会凑成一小群，一起吃东西。

大白鲨可能让人非常害怕，但是它们的数量在急剧下降，不久就可能濒临灭绝。有人以捕杀大白鲨为乐，有时它们也可能遭到捕鱼船误捕。

◀埋伏

当大白鲨发现海豹时，它会突然由下而上猛地冲起来，把海豹困在接近水面的地方。鲨鱼灵活的骨骼和强壮的肌肉让它们在捕捉猎物时动作灵敏而迅速。

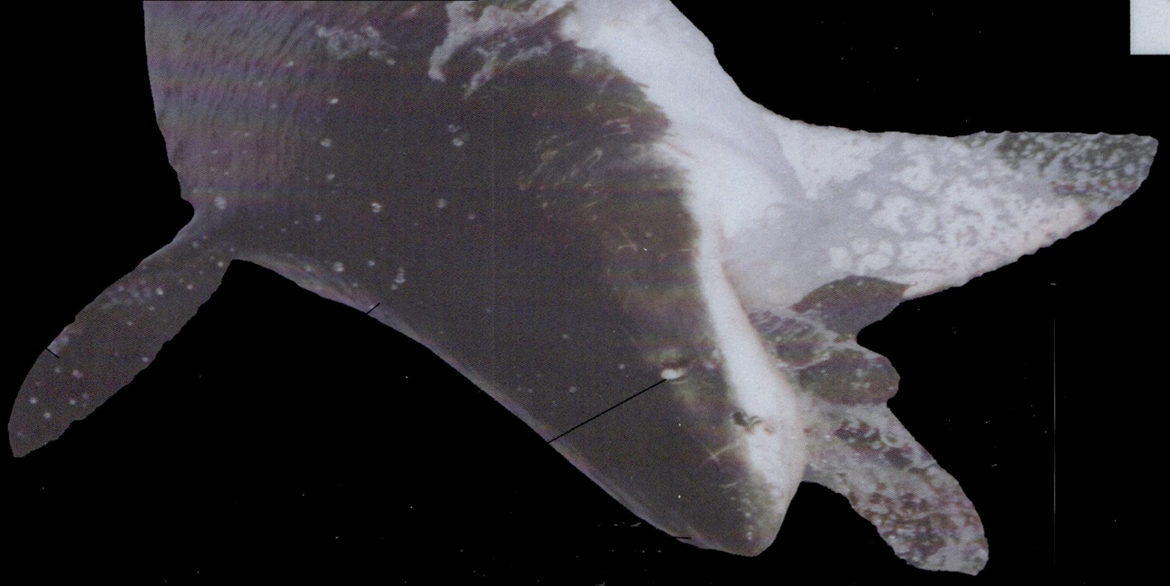

杀手档案

学名: *Carcharodon carcharias*
生活地：大部分海洋中
栖息地：潜水区、深海中、珊瑚礁海域
体长：3.5~6米
颜色：灰白相间，局部黑色
繁殖：每次2~10头
受危状态：脆弱

劳伦氏壶腹

大白鲨的鱼头部前端有劳伦氏壶腹。它们能感知其他动物运动产生的电流，这让鲨鱼拥有了第六感。

杀手档案

学名：Carcharodon carcharias
生活地：大部分海洋中
栖息地：浅水区、深海中、珊瑚礁海域
体长：3.5~6米
颜色：灰白相间，局部黑色
繁殖：每次2~10头
受危状态：濒危

劳伦氏壶腹

大白鲨的鱼头部前端有劳伦氏壶腹。它们能感知其他动物运动产生的电流，这让鲨鱼拥有了第六感。

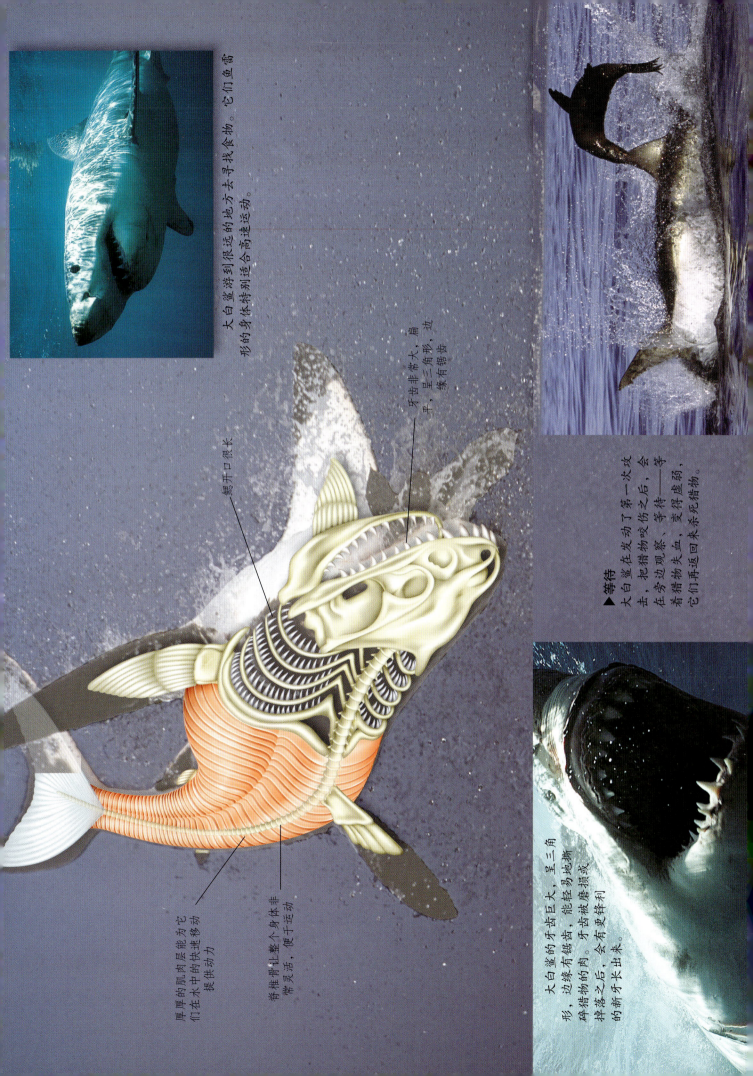

大白鲨游到很远的地方去寻找食物。它们鱼雷形的身体特别适合高速运动。

厚厚的肌肉层能为它们在水中的快速移动提供动力
脊椎骨让整个身体非常灵活，便于运动
鳃开口很长
牙齿非常大，扁平，呈三角形，边缘有锯齿

大白鲨的牙齿巨大，呈三角形，边缘有锯齿，能轻易地撕碎猎物的肉。牙齿被磨损或掉落之后，会有更锋利的新牙长出来。

▶等待

大白鲨在发动了第一次攻击，把猎物咬伤之后，会在旁边观察、等待——等着猎物失血，变得虚弱，它们再返回来杀死猎物。

什么是无脊椎动物?

无脊椎动物是体内没有脊椎和任何骨头的动物。它们是冷血动物，包括昆虫、蜘蛛、蟹、水母和鱿鱼。在所有动物物种中，95%以上是无脊椎动物。它们被分为30个类群，可能包括500多万种。

▶蝎子尾巴末端有毒针，用来保护自己和杀死猎物。

无脊椎动物通常比脊椎动物小。有些只有在显微镜下才能看见。世界上最大的无脊椎动物是长16米的大王乌贼和更大的巨枪乌贼。

在2007年，科学家发现了巨型板足鲎的一个爪子，它们生活在4.6亿~2.55亿年前。这只巨大的无脊椎动物长2.5米。

有些无脊椎动物的身体是由外骨骼支撑的。这种骨骼不能生长，必须要蜕掉它，这个动物才能生长。

昆虫至少有100万种，在全世界都很普遍。昆虫有6条腿，身体分为三部分：头、胸、腹。昆虫没有肺，它们通过气门（侧面的小孔）呼吸，气门通过气管与身体相连。

世界上最大的昆虫是印度尼西亚的大竹节虫。它们能长到33厘米。

奇怪的无脊椎动物

千足虫并没有1000条腿，但有可能有330条腿。蜈蚣并没有100条腿，它们只有30条腿（蜈蚣的英文名是centipede，其中centi的意思是百）。

章鱼能改变体表颜色来伪装自己，但如果它们心情改变时颜色也会发生改变——受到惊吓时，它们会变成白色。

有些海蛞蝓以水母为食。吃掉它们后，用它们的刺细胞当成自己的防御武器。

大砗磲壳的边缘有多排眼睛，它们能长到直径1.4米。

有些藤壶把自己粘在鲸鱼的皮肤上，搭便车在海洋中遨游。

海绵与大部分动物不同，它们身体不对称，没有清晰可辨的器官。

数以十亿计的小到用显微镜才能看到的尘螨生活在我们的床上、地毯上、椅子上，它们的食物是死去的皮肤屑。

有些蜘蛛伪装得像蚂蚁、胡蜂，甚至是鸟粪。

大洋底部的火山口附近生活着巨大的蟹、巨型管虫和蛤蜊。它们的食物是火山口涌出的水中所含矿物质所滋养的动物。

有些雌蝎把它们的宝宝背在背上，直到它们能独立生活为止。

◀千足虫的每个体节上有两对足。千足虫大约有8000种。

珊瑚和海葵

海葵是小型食肉动物，长得有点像花。它们附着在岩石上，用触角捕捉微小的猎物。

珊瑚礁有长长的山脊形的，也有其他形状的。它们是由数不清的珊瑚虫和它们的骨骼构成的。珊瑚礁相当于水下的热带雨林，充满鱼和其他海洋生物。它们是由微小的长得像海葵一样的动物构成的。这些动物被称为“珊瑚虫”。

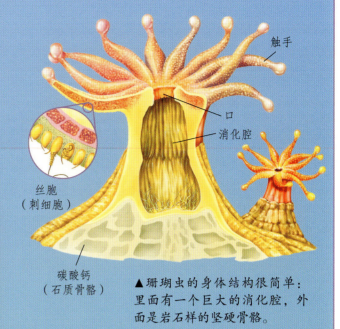

▲只有在干净、温暖、阳光能达到的咸水区才能形成珊瑚礁。

珊瑚虫终生生活在同一个地方，要么固定在岩石上，要么固定在死去的珊瑚虫上。当珊瑚虫死去时，它们的石灰质骨骼便一层层地堆积在一起，形成珊瑚礁。

▼小丑鱼能在海葵的触手间躲避捕食者。小丑鱼身上有一层黏液使它们不用担心被海葵蜇伤。

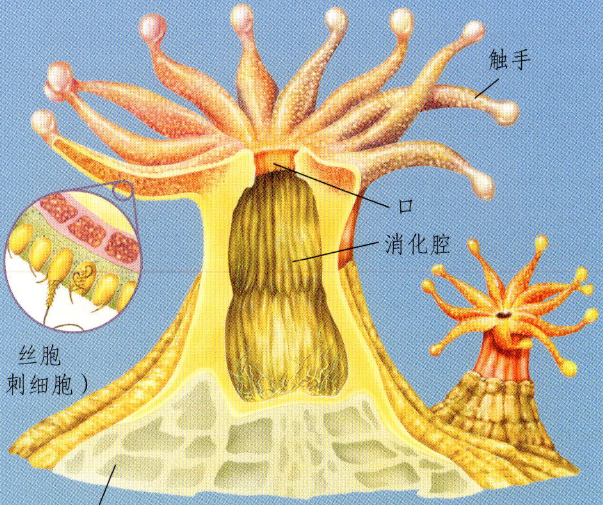

▲珊瑚虫的身体结构很简单：里面有一个巨大的消化腔，外面是岩石样的坚硬骨骼。

岸礁沿海岸边上发育，而堡礁会在离岸一定距离的地方形成水下屏障。

澳大利亚东南沿海外的大堡礁是世界上最长的礁石，长度接近2000千米。在太空（200千米的高空）中也能看见它，它是唯一一个在太空能看到的非人为创造的产物。珊瑚礁需要花费数百万甚至数千万年才能形成。大堡礁在200万年前开始生长，单个珊瑚礁的生长周期可能持续5000至15000年。

珊瑚环礁是环形的岛屿，是由旧火山口（很早以前就已没入海中）附近形成的岸礁形成的。

水母

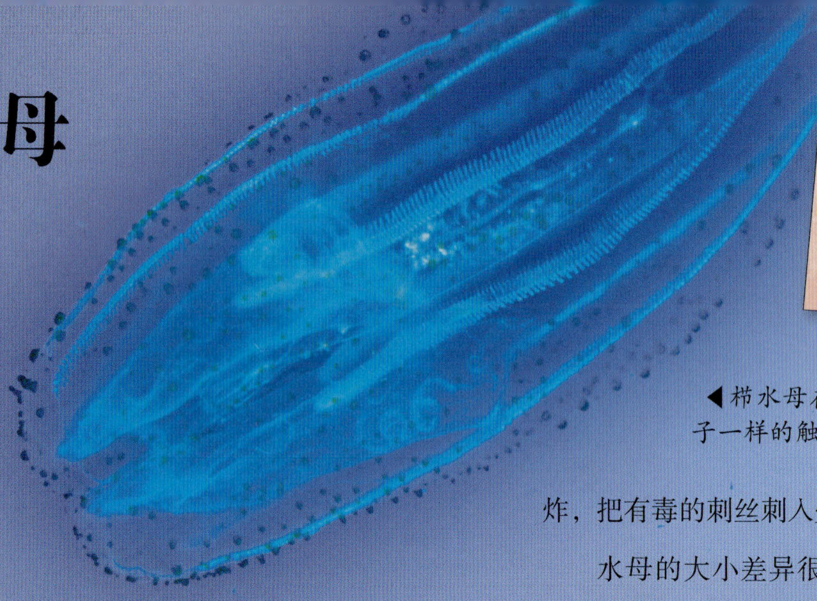

◀栉水母在海洋中漂浮着，用它们鞭子一样的触手来捕捉猎物。

你知道吗？

澳大利亚箱形水母的毒素能让一个人在5分钟之内死去。

水母是海洋生物，它们形状像钟，长着长长的触手。生物学家把水母称为“美杜莎”——希腊神话中长着蛇发的妖怪。它们属于刺胞动物，这一类动物也包括珊瑚和海葵。

水母是靠向身体下方挤压水来移动的。当它们不再挤压水的时候，它们便慢慢地沉向海底。

水母的触手上布满了刺细胞。水母用它们来捕捉猎物和自卫。与猎物接触后，刺细胞发生爆炸，把有毒的刺丝刺入受害者体内。

水母的大小差异很大，小的只有几毫米，大的有2米以上。人们曾发现一只巨大的水母的钟状体直径达到2.29米，触手超过36米长。

僧帽水母并非水母，而是一种终生群居的浮动腔动物。在僧帽水母群中，其中一个形成充满气的浮囊，而其他的则负责捕捉和消化食物。

狮鬃水母长长的触手能伸到距离身体30米远的地方。在进食的时候，触手上的刺细胞能麻醉鱼、浮游动物和其他水母。

海星和海胆

海星并不是鱼，它们属于“棘皮动物”。“棘皮”的意思是“带刺的皮肤”。

海胆和海参也属于棘皮动物。

海星的身体像“星”号，主要以贝类为食，用腕和管足撬开它们。海星把胃插入食物内部，把它们的肉吸出来。海星有2000条管足，像是充满海水的小气球。这些管足用来移动身体，也能从海水中摄取食物和氧气。

如果在逃避敌人时，海星丢掉了一条“腕”，或者它们的一条腕被压碎或是咬掉了，它们还会长出一条新腕。

海胆是球形的生物。它们的壳上长满了直立的刺，而且有毒。海胆用它们的刺来保护自己。海胆也长着吸盘一样的足，让它们能够移动。海胆的嘴就是一个长着5颗牙齿的开口，位于身体下方。

海参的皮肤像皮革一样，皮层内含有许多石灰质的骨片。受到威胁时，海参会抛出自己的内脏去诱惑敌人，然后趁机逃走——它们的内脏还能再生。

▼大部分海星有5条腕，但有些海星有50条腕。

鸟蛤和淡菜

鸟蛤和淡菜属于软体动物中的双壳纲。双壳纲包括牡蛎、蛤蜊、扇贝和剃刀蛏。

“双壳纲”的意思是“有两瓣”。这一纲中所有动物的壳都有两个瓣，中间有绞合部连接。大部分双壳纲动物都通过虹吸管取食。它们用虹吸管把水吸到鳃上，食物颗粒便被困在黏黏的毛发一样的鳃上，然后被送到嘴里。

鸟蛤在沙子和海滩上的泥中打洞。淡菜则附着在岩石和高潮与低潮之间的防波堤上。

牡蛎和其他贝类壳内有一层坚硬的、闪光的、银白色的物质，被称为“珍珠母”。当沙粒进入牡蛎壳中以后，它就慢慢被珍珠母包裹起来，形成珍珠。最好的珍珠来自太平洋的马氏珍珠贝。世界上最大的珍珠直径24厘米，重6.4千克，是由一个大砗磲生产的。

扇贝迅速开关贝壳时，水被挤压出来，它们便能游离危险。不过，大部分双壳纲动物逃离危险的方法是把自己关在贝壳内。

竹蛏生活在沙质底泥中深深的、垂直的洞穴里。

凿船贝是双壳纲动物，它们用壳钻进木头里，其中就包括木船。它们靠木屑为生。

▶鸟蛤把自己固定在海床之上，从流过的水中过滤食物。大部分鸟蛤的壳都非常厚，而且有褶，能对抗波浪对岸边的反复敲打。

蟹和龙虾

蟹和龙虾属于甲壳纲动物，这一类动物的得名是因为它们有坚硬的外壳。蟹和龙虾是十足动物——它们有10条腿。第一对腿通常是强壮的螯，被用来撕碎食物。

寄居蟹生活在海螺的空壳中，这样便能保护它们柔软的身体。

▼在成长过程中，寄居蟹要把它们居住的贝壳换成大的。

为了便于发现猎物，蟹和龙虾除了一对柄眼以外，头上还长着两对触角。龙虾的一个爪子比较钝，非常鼓，用来砸压猎物；另一个爪子上有锋利的齿，用于切割。雄性招潮蟹会挥舞巨大的螯来吸引异性。

世界上最大的陆地甲壳动物是椰子蟹。它们两腿间的跨度可以达到1米。它们凭借这一点可以爬到椰子树上进食。它们也被称为“盗蟹”，这是因为它们只要有机会，便会偷取食物。

最大的蟹是日本的巨螯蟹，它们两腿间的跨度超过4米。

美国的加州刺龙虾一个拉着另一个的尾巴排成长队，能够迁徙数百千米。

钝额曲毛蟹把一些海绵和海草堆到自己身上进行伪装。它们身上长着几百只小钩子，目的是固定这些装饰物。

章鱼和鱿鱼

章鱼、鱿鱼、乌贼和鹦鹉螺属于软体动物中的头足纲动物。它们都生活在海洋中。章鱼和鱿鱼用布满吸盘的触手捕捉猎物，如鱼类。

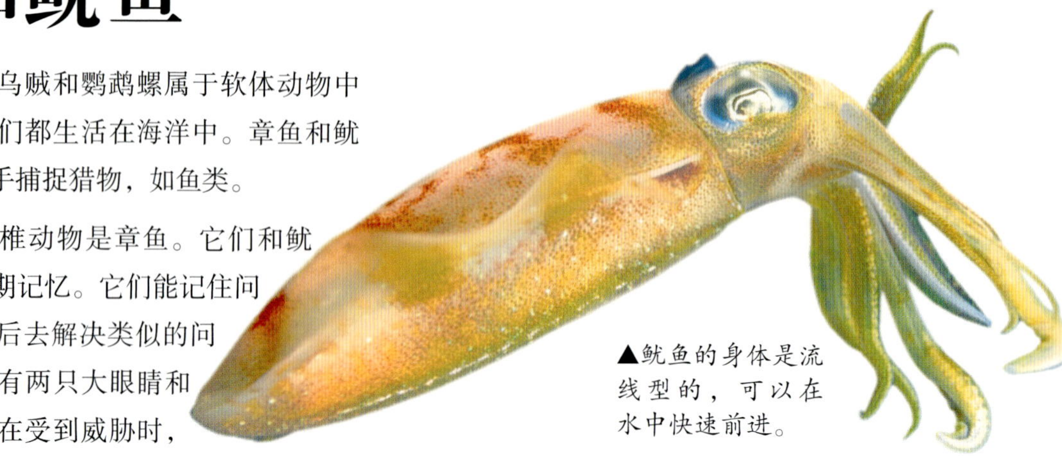

▲鱿鱼的身体是流线型的，可以在水中快速前进。

最聪明的无脊椎动物是章鱼。它们和鱿鱼都具备长期和短期记忆。它们能记住问题的解决办法，然后去解决类似的问题。所有的章鱼都有两只大眼睛和一个喙一样的嘴。在受到威胁时，鱿鱼和章鱼能喷出一团黑色或褐色液体来迷惑敌人。

鱿鱼身体中央有一个内壳，被称为“鱿鱼骨”。

你知道吗？

20厘米长的蓝圈章鱼毒性很强，因它们而死的人比死于鲨鱼攻击的人还要多。

最小的章鱼直径只有2.5厘米。最大的章鱼从一个触手末端到另一个触手末端达可到6米。

鱿鱼有8个腕足和2个触手，它们通过从体内喷出水流的方式在水中游动。

鹦鹉螺是唯一一种有外骨骼的头足动物。它们的腕足有可能多达90条，但是上面没有吸盘。早在5亿年前的海洋中，就生活着与今天的鹦鹉螺类似的动物。

有毒的无脊椎动物

无脊椎动物用毒素来杀死或麻痹猎物，又或者防御敌人、保卫自己。蜘蛛、胡蜂、蝎子等无脊椎动物体内能产生毒液。毛虫、蚱蜢和甲虫通常从它们所吃的植物中获得毒素。

大部分有毒的昆虫，包括毛虫、胡蜂和红衣主教甲虫，颜色都很鲜艳，它们用这种手段警告潜在的敌人。

蜜蜂和胡蜂的螫针在它们身体的后部。大黄蜂和胡蜂能反复蜇刺，但蜜蜂只能蜇刺一次。这是因为蜜蜂的螫针上有倒钩，当它们飞走时，它们的一部分器官就会被拽下来。

天鹅绒蚂蚁根本不是蚂蚁，而是没有翅膀的蜂。它们的螫针非常厉害，所以它们有个绰号叫“蜇死牛”。

瓢虫的膝盖部位能分泌恶臭的化学物质。

受到攻击时，凤蝶幼虫会把头后面一个囊中的叉形臭腺翻出，并用它来攻击敌人。

蜈蚣用爪子把毒液注入猎物体内。巨人蜈蚣能蜇死像老鼠那么大的动物。

蝎子的尾巴上有与毒囊相连的毒刺。它们能控制需要注射的毒液的量。大型蝎子的毒刺主要用来自卫，它们捕猎的武器是自己的“大钳子”。

▶雄性天鹅绒蚂蚁有翅膀，不能蜇刺。而雌性天鹅绒蚂蚁则没有翅膀，能够蜇刺。它们像蚂蚁一样在地面活动，被它们蜇一下是很疼的。

蜘蛛

蜘蛛走路速度很快。蜘蛛与昆虫不同，它们有8条腿，而不是6条。它们的身体分为两部分，而不是三部分。

在生物分类学上，蜘蛛属于蛛形纲动物，这个纲有70 000种，其中也包括蝎子、螨虫、盲蛛和蜱虫。世界上最大的蜘蛛——亚马孙巨人食鸟蛛，有餐盘那么大。而最小的蜘蛛只有一个句号那么大。

蜘蛛是猎手，大部分蜘蛛以昆虫为食。食鸟蛛有点名不符实，它们很少吃鸟类，反而更喜欢吃蜥蜴和小型啮齿动物，如老鼠。

蜘蛛有8条腿。大部分蜘蛛视力很差，它们的捕猎方式是用腿来感知震动。大约有一半蜘蛛靠结网来捕捉猎物。有些蛛网很简单，它们在洞穴里，是管道形的。有些蛛网是圆形的，非常复杂，如圆蛛网。蜘蛛网是有黏性的，能粘住猎物。

▼蜘蛛用蛛丝把猎物包裹起来，以免它们逃脱。

▲蜘蛛的主眼（图上能清楚显示猎人蛛的主眼）能发现猎物，而较小的眼睛能捕捉周围环境中的运动。

澳大利亚的活板门蛛靠伏击的方式捕猎。它们用一块经过伪装的挡板遮住洞口，并在洞中等待猎物。

大部分蜘蛛有毒牙，它们能咬死或麻醉猎物。雌蜘蛛通常比雄蜘蛛体型大，毒性强。鸟蛛和日蛛用它们强有力的下颌撕碎猎物。

黑寡妇蜘蛛、赤背蜘蛛、漏斗网蜘蛛含有剧毒，它们能把人毒死。在35 000种蜘蛛中，大约有30种是对人有危险的。

▼黑寡妇蜘蛛将毒液注入猎物体内。

你知道吗?

雌性黑寡妇蜘蛛在完成交配后会把雄性杀死，所以它们就有了这么一个名字。

杀手档案：跳蛛

空中演习

蜘蛛是无脊椎动物界的鲨鱼和猎豹，而跳蛛更是佼佼者。这些猎手的捕猎方法非常有效，它们装备着毒牙、毒液和自然界最令人印象深刻的武器之一——丝。

蜘蛛以其他动物作为食物。有些蜘蛛用丝结网来捕捉猎物，但有些蜘蛛的捕猎方法较为暴力，它们攻击其他无脊椎动物。所有的蜘蛛都有毒牙，它们用毒牙来撕咬猎物，注射毒液，杀死或麻痹猎物。

▶保护措施
在跳跃之前，跳蛛用一根丝做的牵引绳把自己固定在一个表面上，这有点像登山者的安全绳。蛛丝是自然界最坚韧的材料之一。一根蛛丝比同样粗细的钢丝还要结实。

有些蜘蛛能伪装自己，使自己和周围的环境融为一体，不容易被猎物发现。还有些蜘蛛跑得很快，能对猎物猛追一通。

跳蛛是最常见的蜘蛛之一，大约有5000种。它们中的大多数都长着大大的眼睛，这让它们能发现猎物，并计算出要跳多远和多高才能捕到猎物。

跳蛛能跳出超过它们体长50倍的距离。能做得这么了不起，它们靠的不是强大的肌肉，而是靠注入腿中的液体。增加压力，压力又像弹簧一样被释放出来，蛛跃入空中。

在跳蛛跳跃的时候，它们有时会从丝腺处泌出一条长长的牵引绳。在完成攻击以后，能带着猎物顺着这条牵引绳爬回最初的躲藏地

保护后代

跳蛛用丝编织成卵袋来保护它们的卵。在卵孵化出来之前，跳蛛妈妈会一直留在卵的旁边，保护它们不被捕食者吃掉。卵能很快孵化出来，刚孵出的蜘蛛被称为“幼蛛”。

隐藏的危险

蚂蚁正在树叶上行进，根本没意识到叶子下面的"蚂蚁"其实是蜘蛛伪装而成的。这种蜘蛛利用高超的化装技术来攻击生活在蚂蚁群落中的生物。有些跳蛛能把自己伪装成鸟粪或甲虫。

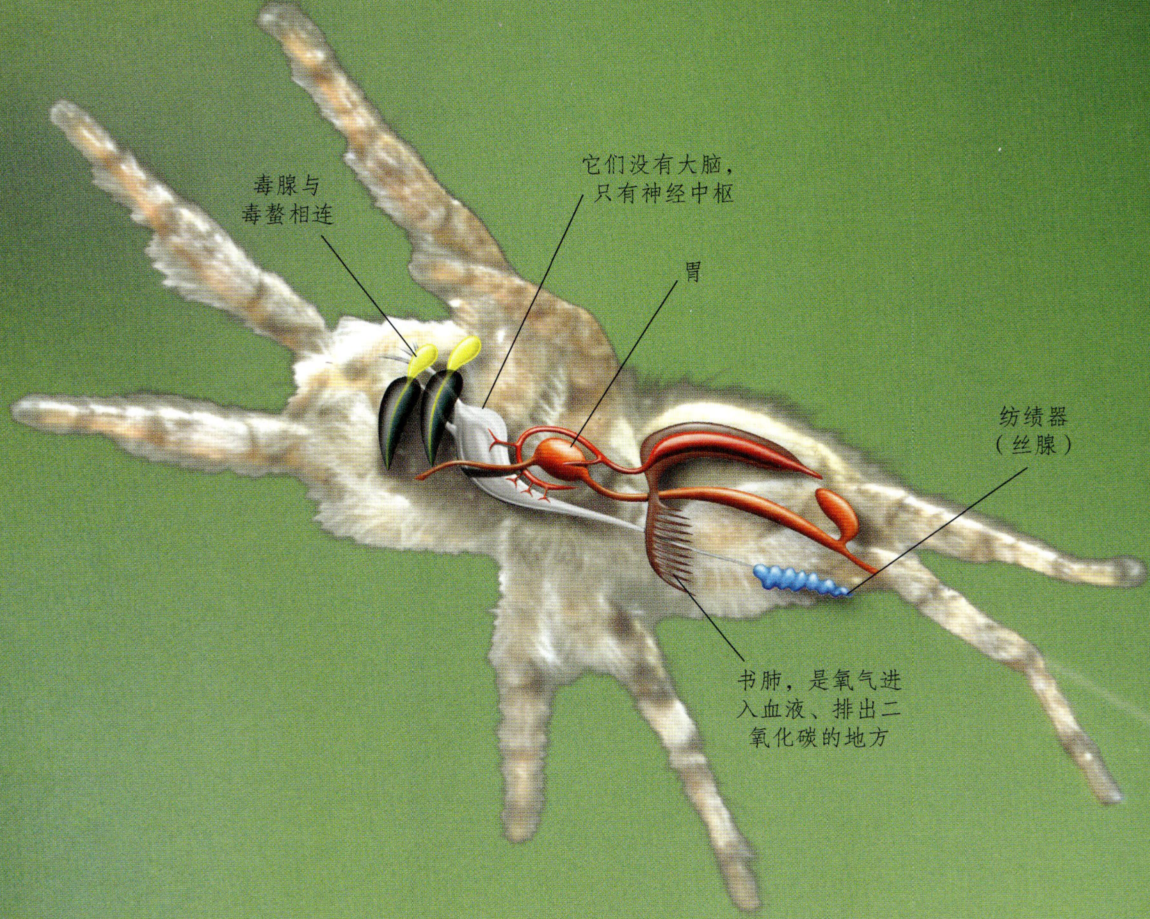
毒腺与
毒螯相连
它们没有大脑，
只有神经中枢
胃
纺绩器
（丝腺）
书肺，是氧气进
入血液、排出二
氧化碳的地方

蝇类的眼睛巨大，由许多小眼构成，它们能看到周围的东西。不过，这只蜂蝇并没有注意到跳蛛已经对它发动了袭击

▶进食

跳蛛降落，抓住猎物。口器前部的上颚打开，毒螯向前探出，刺入猎物的身体，注射致命的毒液。

蜜蜂、胡蜂和蚂蚁

蜜蜂和胡蜂是细腰昆虫，它们有四个透明的翅膀。身体上通常有毛。蜂有20 000多种。许多蜂，如切叶蜂，单独生活。但是，有500多种蜂成群生活在一起，如蜜蜂。

蜜蜂生活在蜂巢里。蜂巢是由数百个六角形的巢室构成的。一个蜂群有一个蜂王（能产卵的雌蜂）、成千上万只雌性工蜂和几百只雄蜂组成。工蜂收集花蜜和花粉，它们每天要造访10 000朵花。一只蜜蜂需要采100万朵花才能制造100克蜂蜜。它们通过特定的飞行方式来交流与花粉和花蜜有关的信息。

胡蜂不能生产蜂蜜，但是成年胡蜂喜吃甜食，如水果、植物的汁液和花蜜。

◀胡蜂身上黑、黄相间的条纹向捕食者发出警告：我很危险。捕食者不久便知道确实不能招惹它们。

▶有些蚂蚁以蚜虫分泌的蜜露为食。它们能像人类挤牛奶一样从蚜虫身上挤出蜜露。

雌姬蜂把卵产在昆虫幼虫体内。这些卵孵化出来以后，小姬蜂在发育过程中便有了活体食物供应。

蚂蚁是昆虫的一个大类，它们与蜂和胡蜂有亲缘关系。大部分蚂蚁腰很细，触角很长，而且分节，没有翅膀。

蚂蚁是热带森林中最主要的昆虫。它们成群生活，一个群中的成员个数从20只到数百万只不等。蚁群中的蚂蚁都是雌性的。大部分物种的蚁群中有一个或几个产卵的蚁后。几百只兵蚁负责保卫蚁后，更小一些的蚂蚁负责建造巢穴和照看后代。雄蚂蚁只有在与年轻的蚁后交配时才进入蚁穴，交配之后它们就死掉了。

甲虫

科学家们辨认出了至少30万种甲虫。它们生活在地球陆地的每个角落。与其他昆虫不同，成年甲虫有翅鞘（一对厚厚的、坚硬的前翅）。翅鞘为甲虫的身体装备上了一层盔甲。

非洲的大角金龟是最重的飞行甲虫，体重超过100克。它们能长到15厘米长。

蜣螂能把食草动物的粪便滚成球，并在粪球上产卵。大象的一堆新鲜粪能养活7000个蜣螂。

在逃跑过程中为了吓退敌人，或者是调整自己的位置，叩甲能跳30厘米高。它们的名字（英文名是click beetle，意思是能发出咔嗒声的甲虫）来源于跳跃时所发出的声音。

放屁虫体内蕴含了多种化学物质，它们混合时将产生一团滚烫的液体，然后从放屁虫的尾部喷射出来。

乌叶甲能从口中分泌一种鲜红色的液体，击退捕食者。

你知道吗？

极地甲虫以腐烂的木头为食，它们能在-60℃的环境下生存。

龙虱生活在池塘和湖泊中。它们能从水面之上收集空气，然后储存在翅鞘之下，供它们在水下呼吸用。

鹿角虫巨大的颚看起来就像是鹿角一样。雄性用它们进行打斗，争夺雌性。每只雄鹿角虫都努力把对手举到空中，然后再摔向地面。

萤火虫能发出特殊的闪光信号来吸引异性。它们之所以能发光是因为它们体内的化学物种混合在一起时，能发生反应，释放光能。

◀雄鹿角虫的颚要比雌性的大得多。它们被用来吓退交配竞争者和捕食者。

吸食类昆虫

吸食类昆虫指那些利用长长的、吸管一样的口器刺破并吸食植物和动物汁液的昆虫。吸食类昆虫大约有70 000种，包括蚜虫、盾蝽和蝉。它们大小各异，小的不到1毫米，大的体长可超过11厘米。

◀到了变成成虫的时候，蝉幼虫会爬到树上，蜕掉幼虫的外骨骼后，便露出了柔软的成虫。它们先要使自己干燥起来，才能进入下一个生命阶段。

蝽的前翅外观有点像皮革，末端透明。其他一些吸食类昆虫长着一对或两对完全相同的翅膀。

蝉是发声最大的昆虫之一。它们求爱的歌声非常洪亮，是通过击打腹部盖子一样的结构发出来的。

猎蝽用吸管把毒液注射到猎物体内。毒液让猎物的内脏变成液体，猎蝽再把液体吸出来吃掉，只留下一具空壳。

盾蝽有时被称为“打屁虫”——当它们被抓住时，能散发出一种难闻的气味，击退捕食者。

臭虫有时会在夜晚吸食人的血液。

水黾，也被称为“水蜘蛛”，身体轻盈，能在水面上行走而不会沉下去。它们长长的腿能把身体的重量分散在水的表面，这样它们脚下的水面会下沉，但不会破碎。

角蝉翅膀上长着一个尖刺，一个特别像植物的刺。

仰泳蝽能在水中仰泳。它们身体下方的细毛能把一部分空气带入水中。它们能在水下停留几分钟，以捕捉小鱼和蝌蚪。

蝶和蛾

蝶和蛾构成了鳞翅目（翅膀上有鳞片）。鳞翅目有170 000种，其中90%是蛾。

蝶和蛾的幼虫被称为“毛虫”。在即将发育成成虫的时候，它们先要在茧内变成蛹。最后，成虫从茧中爬出，身体变干燥后，就能飞走。

蛾在休息时会展开翅膀，或是平铺翅膀，但蝶在休息时翅膀会直立。蛾的触须是丝状或羽毛状的，而蝶的触须末端膨大。

皇蛾和南美大夜蛾是最大的蛾，它们的翼展能达到30厘米。

小型蛾的毛虫生活在种子、水果、植物的茎和叶子内，它们从里往外吃。大型蛾的毛虫生活在外面，以叶子为食。

▶鬼脸天蛾头的背面有骷髅一样的图案。它们有时会从蜂巢中偷蜂蜜。

▶凤蝶（英文名是swallowtail butterfly，意思是“燕尾蝴蝶”）的名字来源于它们后翅上长长的尾巴，它们看起来就像燕子的尾巴。

蝶有4个大翅膀，它们以花蜜或水果为食。蝶的毛虫以特定的植物为食，这与成年蝶赖以为食的花不同。

大部分雌蝶只能生存几天，所以它们不得不尽快交配和产卵。

新几内亚的亚历山大鸟翼凤蝶是世界上最大的蝶，它们的翼展可达到28厘米。最小的蝶是褐小灰蝶。

孔雀蛱蝶翅膀上的图案像眼睛一样，可以吓退捕食者。

你知道吗？

蝶的感觉器官是跗节（脚）。雌蝶会在叶子上跺脚，目的是判断叶子是否已经成熟到可以在上面产卵的程度。

双翅目昆虫

双翅目昆虫是最大的昆虫类群之一，它们非常常见，几乎无处不在。双翅目昆虫有90 000多种。

大部分双翅目昆虫都是飞行高手，它们非常灵活，能够盘旋和向后、向侧面及头朝下飞行。有些甚至翻着身子起飞和降落。双翅目昆虫包括反吐丽蝇、黑蝇、蠓、虻、光胸库蠓、蚊子和舌蝇。

突眼蝇的眼睛在长柄的末端，比它们的身体还要宽很多。雄性突眼蝇比试时主要比谁的眼柄长。

▶虻是飞行最快的昆虫之一，它们的最高速度可以达到每小时39千米。

双翅目昆虫靠吮吸的方式进食。它们通常吸食腐烂植物的汁液。普通家蝇通常吸食粪便，而丽蝇通常吸食腐肉产生的汁。有些双翅目昆虫有能吸的口器，还有些通过口器溶解食物，然后再像海绵一样把食物吸起来。

双翅目昆虫的幼虫被称为“蛆”。它们很小，是白色的、管形的，以蠕动的方式前进。

许多双翅目昆虫都是危险疾病的传播者。在苍蝇舔和接触时，它们能把携带的细菌传播给人，尤其是那些吸血的双翅目昆虫——蚊子传播疟疾，舌蝇传播“昏睡病”。

你知道吗？

双翅目昆虫的嗡嗡声实际上是它们翅膀拍打的声音。光胸库蠓的翅膀每秒钟能拍打1000次。

蜻蜓

蜻蜓是大型捕捉昆虫，它们有4个透明的大翅膀，身体修长。纤细的身体，可能会呈现红、绿或蓝色的微光。

蜻蜓的复眼中有30 000个小眼，是所有昆虫中视力最好的。蜻蜓巨大的眼睛使它们非常善于感知运动，能发现光胸库蠓、蚊子和蛾等12米以内的猎物。

在向猎物俯冲的过程中，蜻蜓把腿伸向前方，像一个篮子一样把猎物舀起来。

蜻蜓通常在半空中交配，雄蜻蜓贴在雌蜻蜓的背上，直到它们产卵为止。蜻蜓把卵产在水中或水生植物的茎中，卵经过2~3周孵化出来。刚孵化出的幼虫有点像略胖的无翅的成虫。

蜻蜓的稚虫是凶猛的杀手，通常以小鱼和蝌蚪为食。稚虫需要经过许多年的发育和蜕皮才能成熟。成熟后，它们顺着芦苇或岩石爬上来，变成成虫。

你知道吗？

在躲避鸟类的追捕时，蜻蜓的飞行速度能达到每小时95千米。

◀蓝额疏脉蜻也被称为“蓝色海盗”。雌性很少能像雄性那么蓝，它们只有性成熟以后才变成蓝色。这些蜻蜓生活在北美洲和墨西哥的部分地区。

草蜢和蟋蟀

草蜢、蟋蟀和螽斯共有20 000种，它们在温暖的地方非常常见。大部分草蜢和螽斯以植物为食，但很多蟋蟀除了吃植物以外，也吃其他动物。

草蜢和蟋蟀的后腿非常强壮，它们能跳出很远的距离。有些草蜢每次能跳出1米，这能帮助它们从捕食者口中逃生。

草蜢的歌声是通过用后腿在闭合的前翅上摩擦发出的。蟋蟀是通过摩擦翅膀上的坚硬部分发声的。草蜢的耳朵长在腹部的两侧，而蟋蟀的耳朵则长在前腿的膝盖上。

天气越热，蟋蟀发声的频率越高。数一数15秒钟内雪白树蟋的叫声，然后加上40，你就能知道当时的气温（华氏温度）。

蝗虫是蚱蜢的一种，它们有时会结成庞大的群，一个群可能有数百万只蝗虫。当蝗虫群进食的时候，它们能破坏大面积的庄稼。

螽斯的名字来源于它们的叫声。和蟋蟀一样，它们的耳朵长在前腿上。

你知道吗？

新西兰的长须无翅大蝗没有翅膀，它们有树鼠那么重。寿命可长达5年。

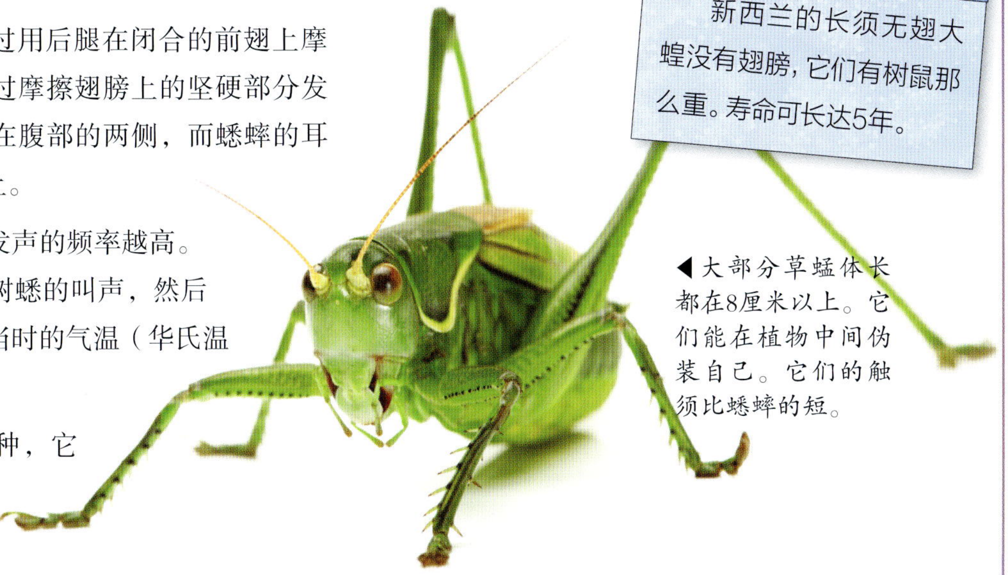

◀大部分草蜢体长都在8厘米以上。它们能在植物中间伪装自己。它们的触须比蟋蟀的短。

白蚁

虽然白蚁和蚂蚁长相类似，但其实它们并没有亲缘关系。白蚁没有“腰”。它们的触须很短，是念珠状的，主要生活在热带地区。

白蚁群中雄性和雌性的数量相当。每个白蚁种群都有一个雄性国王和一个产卵的王后。国王和王后的寿命能达到70年。白蚁的王后能长到15厘米长。它只负责产卵，且每天能产下30 000枚卵。

白蚁群中有兵蚁，它们的颚发育良好，负责保卫种群。种群中也有负责劳动的工蚁。因为生活在地下，所以所有的工蚁和兵蚁都没有翅膀，也没有视力。

白蚁的巢穴是土丘，建的与城市类似，里面有许多室，还包括一个种植菌类的花园。许多白蚁丘还装备着“空调”——特殊的通风通道。

有些白蚁在繁殖季节会长出翅膀。它们飞离巢穴进行交配，开始新的种群。

澳大利亚罗盘白蚁建起高高的南北走向的蚁丘，这种设计有利于控制里面的温度。早上或傍晚，太阳能晒到宽阔的一面，让里面足够温暖。但在中午，狭窄的一面直面太阳，使里面不至于太热。

树白蚁在远离地面的树枝上建巢。它们的巢上有泥做的遮挡物，这能避免雨水进入巢穴。

白蚁以植物材料为食，尤其是木头。它们能对热带地区的木建筑造成严重破坏。

象鼻型兵蚁保卫巢穴的方式是从长长的、喷嘴一样的鼻子中喷出有毒的胶质分泌物。

▶兵蚁的颚非常巨大，是它们用来保护巢穴的工具。

蜗牛和蛞蝓

蜗牛和蛞蝓体型很小，身体黏而且软。它们属于动物中的一大类——软体动物。鱿鱼和牡蛎也是软体动物。

蜗牛和蛞蝓属于腹足动物。这类动物还包括蛾螺和玉黍螺。“腹足”的意思是“用腹部充当脚”。这些动物似乎是在用腹部滑行。

腹足动物有一个特殊的舌头——舌齿，上面布满成千上万个微小的、钩形的牙齿。这些牙齿像锉一样把食物磨碎。

▼非洲大蜗牛能长到20厘米长，体重能达到800多克。它们以植物、水果（如香蕉）和动物的尸体为食。

大部分陆栖蜗牛和蛞蝓爬过的地方都会出现一条黏糊糊的痕迹。这能帮它们在地面行走。

小灰蜗牛通常是雌雄同体的。它们既有雄性器官，也有雌性器官。

欧洲的大蛞蝓在求偶的时候会在树枝上彼此缠绕一个多小时，然后用一条长长的黏液把自己挂在半空。

热带法螺是最大的腹足动物之一。它们的壳长45厘米，有时被用作号角。海螺是另一种大型腹足动物。

你知道吗？

太平洋和印度洋中有些鸡心螺的牙齿能分泌毒液，这些毒液能把人杀死。

蠕虫

蠕虫没有腿，它们柔软的身体是管形的。环节动物，如蚯蚓，就是蠕虫，它们的身体分为多个体节。环节动物有15 000种。它们大部分生活在地下的隧道中，或在海洋中。

世界上最大的蚯蚓是南非大蚯蚓，它们能长到4米长。

蚯蚓一生都在挖掘土壤。土壤从它们的口进入身体，穿过内脏后从尾部出来。蚯蚓是雌雄同体的，两条蚯蚓交配后，二者都能产卵。

环节动物一半以上的物种属于多毛纲，如沙蚕和海沙蠋。多毛纲这个名称来源于它们身体上的刚毛——它们用刚毛划水，使自己在海床上运动，或是用刚毛挖进泥里。

鳞沙蚕身上长着茂密的毛。

扁虫看起来像带子一样，也像环节动物的蠕虫被熨平了。在数千个扁虫物种中，多数寄生在其他动物身上或体内。还有一些生活在土壤、淡水或咸水中。

水蛭是环节动物，它们通常吸食血液。它们能分泌一种物质，可阻止血液凝结，这样它们就可以继续吸血。

▼蚯蚓大多在夜间活动，这时捕食者较少。它们是许多脊椎动物重要的食物来源。

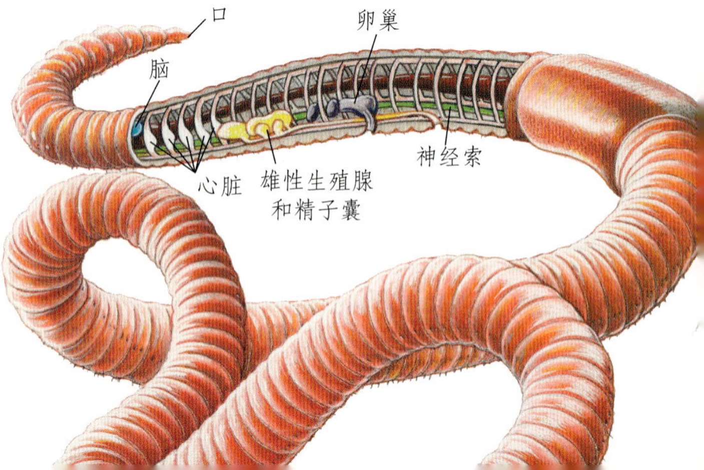

图书在版编目（CIP）数据

动物/英国迈尔斯·凯利出版社编著；王红斌，冉浩译. --沈阳：辽宁少年儿童出版社，2021.1
（儿童图解百科全书）
书名原文：Animal
ISBN 978-7-5315-8143-7

Ⅰ.①动… Ⅱ.①英… ②王… ③冉… Ⅲ.①动物-儿童读物 Ⅳ.①Q95-49

中国版本图书馆CIP数据核字（2019）第217878号

著作权合同登记号：06-2017-121

动　物
Dongwu
英国迈尔斯·凯利出版社　编著　王红斌　冉　浩　译

出版发行：北方联合出版传媒（集团）股份有限公司
　　　　　辽宁少年儿童出版社
出 版 人：胡运江
地　　址：沈阳市和平区十一纬路25号
邮　　编：110003
发行部电话：024-23284265　23284261
总编室电话：024-23284269
E-mail:lnsecbs@163.com
http://www.lnse.com
承 印 厂：中华商务联合印刷（广东）有限公司

责任编辑：王　珏　王晓彤
责任校对：段胜雪
封面设计：白　冰
版式设计：姿　兰
责任印制：吕国刚

幅面尺寸：210 mm × 285 mm
印　　张：4　　　　字数：146千字
出版时间：2021年1月第1版
印刷时间：2021年1月第1次印刷
标准书号：ISBN 978-7-5315-8143-7
定　　价：128.00元